腔光力系统中机械振子基态冷却与压缩效应研究

白成华　著

中国原子能出版社

图书在版编目（CIP）数据

腔光力系统中机械振子基态冷却与压缩效应研究 / 白成华著. -- 北京 : 中国原子能出版社, 2024. 10.

ISBN 978-7-5221-3716-2

Ⅰ. O431.2

中国国家版本馆 CIP 数据核字第 2024MA7671 号

腔光力系统中机械振子基态冷却与压缩效应研究

出版发行	中国原子能出版社（北京市海淀区阜成路 43 号　100048）
责任编辑	陈　喆
责任印制	赵　明
印　　刷	北京天恒嘉业印刷有限公司
经　　销	全国新华书店
开　　本	787 mm×1092 mm　1/16
印　　张	8.625
字　　数	122 千字
版　　次	2024 年 10 月第 1 版　2024 年 10 月第 1 次印刷
书　　号	ISBN 978-7-5221-3716-2　　**定　价**　**54.00 元**

网址：http://www.aep.com.cn　　**E-mail：atomep123@126.com**

发行电话：010-88828678

作者简介

白成华，男，汉族，1992 年 4 月出生，籍贯为山西忻州。毕业于哈尔滨工业大学物理学院，博士研究生。现就职于中北大学，任半导体与物理学院教师，主要从事腔光力学、量子光学以及量子信息学方面的研究工作。主持国家自然科学基金项目 1 项、山西省科技厅项目 1 项。先后在 *Photonics Research*、*Physical Review A*、*Optics Letters*、*Optics Express*、*New Journal of Physics*、*Advanced Quantum Technologies*、*Fundamental Research* 等国内外权威学术期刊上发表 SCI 论文 50 余篇。

前　言

腔光力学是一门研究光学（微波）腔场与机械运动之间相互作用的新兴学科。近年来，由于前沿基础研究的巨大成功和实际应用的广泛潜在价值，越来越多的关注焦点和研究兴趣集中在腔光力学这一学科。目前，腔光力系统在基础研究科学和应用工程领域均取得了重要进展，其已经成为一个强有力的研究平台。众所周知，基于腔光力系统实现对宏观机械振子的有效量子操控，关键的前提和先决条件是有效抑制环境热噪声的不利影响，将机械振子成功地冷却到量子基态。当前，许多方案已经对单个机械振子的基态冷却开展了广泛研究并取得了理想结果。但对多模机械振子，特别是多模大失谐机械振子的同时基态冷却依然是一个长期存在的难题和挑战。与此同时，利用较为简单的动力学操控技术在腔光力系统中制备单模和双模机械压缩，对于验证宏观量子效应，以及在量子信息处理和精密测量方面都具有重要的意义。本书主要依托作者近年来在腔光力学系统方面的研究成果，介绍了双机械振子的基态冷却、单模机械压缩以及双模机械压缩的制备。主要内容如下：

第 1 章介绍了腔光力学系统的基本模型以及基础理论，着重介绍了基于腔光力系统机械振子的基态冷却和压缩效应的研究现状。

第 2 章在复合三模腔光力系统中介绍了双机械振子的基态冷却，实现了同频共振或大失谐耦合机械振子对的同时冷却。对于同频共振情形，通过引入频率调制技术使最接近共振的斯托克斯边带被彻底抑制，将双机械振子冷却结果成功打破无调制定义的量子反作用冷却极限。而对于一对大失谐耦合机械振子，通过进一步引入偏置门电压调制构建起两个机械模之间有效的分束器型并相互作用，从而为第二个机械振子提供了冷却通道。借助于动力学调制技术，首次实现了双模大失谐机械振子的同时冷却。该方案可在从弱耦合到超强耦合区域、从可分辨边带机制到不可分辨边带机制的广泛参数范围内实现。设计的双层石墨烯薄膜实验模型系统，为方案的实现提供了充分的理论指导和强有力的实验支撑。该方案对于大尺度多模机械系统的潜在实际应用具有重要的意义。

第 3 章在标准腔光力系统中，通过引入周期调制单色驱动场有效冷却机械波戈留波夫模，介绍了远远超越 3 dB 压缩极限的强机械压缩的制备。发现机械压缩量并不是简单地依赖于有效光力耦合的数量级，而是与其边带强度比率密切相关。为最大化机械压缩，稳态机制下同时数值和解析地优化了此比率。此外，讨论了环境热噪声对机械压缩的影响，发现机械压缩对于热噪声具有较强的鲁棒性。该方案可被期望用来简化目前一些基于双色泵浦驱动技术的动力学操控方案。

第 4 章介绍了利用机械非线性和参数泵浦驱动之间的联合效应如何制备超越 3 dB 压缩极限的强机械压缩。发现参数泵浦频率的恰当选择可将压缩变换下腔模与机械模之间的有效光力相互作用操控为分束器型相互作用，这有助于由光学参量放大器诱导的腔场压缩进一步转移到已被机械非线性压缩的机械模上。基于这种联合效应，实现了打破 3 dB 压缩极限的强机械压缩，允许每个独立的组分压缩低于 3 dB。对于理想的机械热库系统，前文发现，联合压缩效应正好是两个独立组分压缩的叠加。此外，讨论了联合机械压缩效应的测量，发现其可直接通过零差探测技术测量输出场的正交涨落压缩谱来实现，而不再需要引入额外的辅助腔模。该方案的解决思路可以推广到其他量子效应研究中。

第 5 章基于双振子腔光力系统，通过对单色时变泵浦驱动场振幅施加特定的周期调制，介绍了双模机械压缩的制备。机械振子频率相等时，通过利用大失谐振幅正弦调制的激光场驱动系统，将两个非局域机械模的叠加模动力学映射成参数振子，从而实现了双模机械压缩。对于不同频率的机械振子，设计了特殊类型的边带调制技术施加在驱动激光场的振幅，精确地获得了制备双模机械压缩期望的光力耦合形式。由于双模机械压缩效应对应着机械振子之间的量子纠缠，采用对数负值度表征了机械-机械纠缠的强度。发现无论对于共振还是不同频机械振子，强的机械-机械纠缠均可有效实现。该方案对基于腔光力系统中量子纠缠的连续变量量子信息处理任务具有重要的应用前景。

第 6 章简要总结了本书的内容以及研究的创新之处，并对下一步的研究计划进行了展望。

由于作者水平有限，书中难免有差错和疏漏之处，恳请读者批评与指正。

目 录

第 1 章　绪　论

1.1　研究背景

腔光力学是研究光学腔场或者微波场与机械运动之间相互作用的一门新兴学科[1,2]，这种相互作用起源于光的机械效应——即光力。辐射压力与光学梯度力是两种典型的光力，其中辐射压力来源于光携带着动量这一事实。从光向机械物体动量的转移过程中将给予机械物体一个辐射压的作用，对这种有趣现象的观测可以追溯到 17 世纪的 Kepler，他发现彗星在背离太阳的方向上拖着一个长长的彗尾。19 世纪 70 年代，Maxwell 从理论上成功地证明了辐射压力的存在。20 世纪 70 年代，Hänsch 和 Schawlow 指出了通过一束激光的辐射压力冷却原子的可能性[3]。随后，这项技术在实验上得到了验证[4]，而如今它已经成为实验上有效操控原子的一项重要技术。而光学梯度力则来源于电磁场的梯度，非匀强电磁场以偶极子两侧正负电荷受到不同力的方式激化了机械物体，最终导致了非零的净光力作用在物体上。光学梯度力首次由 Ashkin 证明并发现聚焦激光可用来囚禁微纳尺度的粒子[5]。目前，光学梯度力已经发展为光钳技术，它广泛用来操控存活细胞、DNA 和细菌。此外，还存在其他类型的光力，例如来源于热弹性效应的光热力。

通常，施加在宏观或者介观尺度机械物体上的光力效应是极其微弱的。为了解决这一难题，一般采用光学腔共振增强腔内光场的强度，从而使光力变得显著。例如，在一个由固定镜子和可移动镜子组成的法布里珀罗腔中，光在两个镜子之间经过多次的反射，相应的腔场被建立，导致了极大增强的光力作用在移动镜子上，这项由 Braginsky 及其合作者利用微波腔开创的研究领域被称为腔光力学[6]。后来，在光学腔实验中证实了光力双稳现象的存在[7]，即在腔增强的辐射压力作用下宏观镜子拥有两个稳定平衡位置。基于主动反馈机制，进一步实验观察到了机械运动的光学反馈冷却[8,9]。随后，将机械振子冷却到更低温度也在实验上实现[10,11]。另一方面，在光学微盘腔中观察到辐射压诱导的自振荡参数非稳现象之后[12,13]，纯粹利用光力系统固有反作用效应的被动冷却在过去几十年里也收获了广泛关注[14-18]。此外，理论和实验方面的工作也已经证实了光力诱导透明[19-20]、光力存储[21]、简正模劈裂[22]、光学模与机械模之间的量子相干耦合[23]以及相干波长转换[24-26]等这些有趣的现象。如今，腔光力系统已经可以在多种实验装置和平台上实现，例如法布里珀罗腔、回音壁腔、微环腔、光子晶体腔、薄膜、微纳弦、微纳棒、光学悬浮粒子、冷原子、超导电路等[2]。最近，关注点主要集中在单光子光力强耦合、单光子传输、非线性量子光力学、平方耦合、量子叠加、量子纠缠、压缩、退相干、超精密测量等方面[1]。系统模型也从早期研究的标准腔光力系统拓展到了耦合腔光力系统、杂化腔光力系统甚至是更复杂的光力阵列系统。

对腔光力学与日俱增的高度关注和研究兴趣，源于这一学科在基础物理研究和应用科学领域的重要性。一方面，腔光力学为量子物理的基础研究提供了一个强有力的平台，例如宏观量子现象、退相干以及量子-经典物理的界限等。另一方面，腔光力学对弱力、微小位移、极小加速度等超高精密的测量也有广阔的应用前景。此外，腔光力学为经典和量子信息的处理提供了许多有用的工具，例如腔光力装置可以扮演信息存储器、可见光与微波转换界面等角色。光力系统也能在杂化光子学、电子学、自旋电子学不同的器件间架起一座桥梁，为不同的系统组装形成杂化的量子装置提供了新路径。

作为制备机械量子态的前提和先决条件，机械振子的基态冷却始终处于腔光力学研究的核心位置。鉴于当前腔光力学已经从早期的标准腔光力系统拓展到多模腔光力系统甚至是复杂光力阵列模型这一趋势，以及机械压缩和机械纠缠在揭示量子物理到经典物理过渡转变的本质、超精密测量和连续变量量子信息处理任务等方面的广阔应用，基于腔光力系统研究多模机械振子的基态冷却问题和机械压缩效应具有十分重要的意义。

1.2 腔光力系统

1.2.1 模型介绍

由单个光学腔模耦合于一个机械模的标准腔光力系统［如图 1-1（a）所示］，在光学层面它可以由一个一端固定的镜子和另一端可移动的镜子组成的法布里珀罗腔所演示。而在微波层面［如图 1-1（b）所示］，腔光力系统可由以电感方式耦合于微波驱动传输线的 LC 电路来实现。

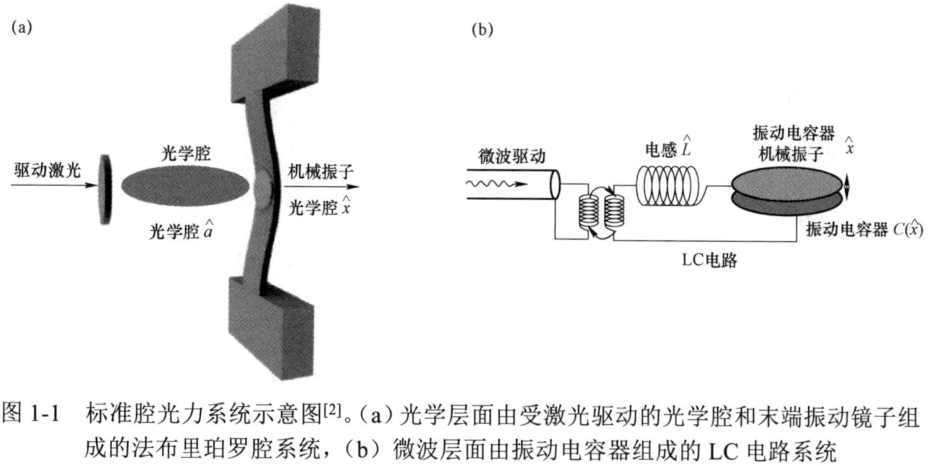

图 1-1 标准腔光力系统示意图[2]。（a）光学层面由受激光驱动的光学腔和末端振动镜子组成的法布里珀罗腔系统，（b）微波层面由振动电容器组成的 LC 电路系统

一个标准腔光力系统的哈密顿量为（$\hbar=1$）

$$H = H_{\text{free}} + H_{\text{int}} + H_{\text{drive}} \tag{1.1}$$

第一项 H_{free} 是光学模和机械模的自由哈密顿量，由下式描述

$$H_{\text{free}} = \omega_{\text{cav}} a^{\dagger} a + \Omega_{\text{m}} b^{\dagger} b \tag{1.2}$$

光学模和机械模都可以由量子谐振子所表征，其中 $a(a^{\dagger})$ 是光学腔模的玻色湮灭（产生）算符，$b(b^{\dagger})$ 是机械模的玻色湮灭（产生）算符，ω_{cav}（Ω_{m}）是

对应的本征频率。对易关系满足$[a,a^\dagger]=1$和$[b,b^\dagger]=1$。机械模的位移算符为$x=x_{\mathrm{ZPF}}(b^\dagger+b)$，其中$x_{\mathrm{ZPF}}=\sqrt{\hbar/(2m_{\mathrm{eff}}\Omega_{\mathrm{eff}})}$是机械振子的零点涨落，$m_{\mathrm{eff}}$是机械振子的有效质量。

方程（1.1）中的第二项H_{int}描述的是光学模与机械模之间的光力相互作用，其可以写为

$$H_{\mathrm{int}}=ga^\dagger a(b^\dagger+b) \tag{1.3}$$

其中$g=[\partial\omega_{\mathrm{cav}}(x)/\partial x]x_{\mathrm{ZPF}}$代表单光子光力耦合强度。这个哈密顿量的推导可以通过考虑光学腔的共振频率受机械位移的调节并使用泰勒展开$\omega_{\mathrm{cav}}(x)=\omega_{\mathrm{cav}}+x\partial\omega_{\mathrm{cav}}(x)/\partial x+\mathcal{O}(x)\simeq\omega_{\mathrm{cav}}+g(b^\dagger+b)$获得。一个更具体严谨的哈密顿量推导可以参考 Law 的文献［27］。

方程（1.1）中的最后一项H_{drive}描述的是系统的光学驱动。假设系统由一束相干连续波激光驱动，其驱动哈密顿量形式为

$$H_{\mathrm{drive}}=\Omega^*\mathrm{e}^{i\omega_L t}a+\Omega\mathrm{e}^{-i\omega_L t}a^\dagger \tag{1.4}$$

其中ω_L是驱动激光频率，$\Omega=\sqrt{2\kappa P/(\hbar\omega_{\mathrm{cav}})}\mathrm{e}^{i\phi}$为驱动振幅，这里$P$是输入激光的功率，$\phi$是驱动激光的初始相位，$\kappa$是腔的衰减率。

在以驱动激光频率ω_L的旋转框架下，方程（1.1）中腔光力系统的哈密顿量变换为

$$H=\Delta a^\dagger a+\Omega_{\mathrm{m}}b^\dagger b+ga^\dagger a(b^\dagger+b)+(\Omega^* a+\Omega a^\dagger) \tag{1.5}$$

其中$\Delta=\omega_{\mathrm{cav}}-\omega_L$是腔场与驱动激光之间的频率失谐。

关于腔模a和机械模b的非线性量子朗之万方程为

$$\dot{a}=-\left(i\Delta+\frac{\kappa}{2}\right)a-iga(b+b^\dagger)-i\Omega+\sqrt{\kappa}a_{\mathrm{in}} \tag{1.6a}$$

$$\dot{b}=-\left(i\Omega_{\mathrm{m}}+\frac{\gamma_m}{2}\right)b-iga^\dagger a+\sqrt{\gamma_m}b_{\mathrm{in}} \tag{1.6b}$$

这里γ_m是机械振子的阻尼率，a_{in}和b_{in}分别是腔模真空噪声和机械热噪声，它们的关联函数满足

$$a_{\mathrm{in}}(t)a_{\mathrm{in}}^\dagger(t')\rangle=\delta(t-t')\quad\langle a_{\mathrm{in}}^\dagger(t)a_{\mathrm{in}}(t')\rangle=0 \tag{1.7a}$$

$$b_{\mathrm{in}}(t)b_{\mathrm{in}}^\dagger(t')\rangle=(n_{\mathrm{th}}+1)\delta(t-t')\quad\langle b_{\mathrm{in}}^\dagger(t)b_{\mathrm{in}}(t')\rangle=n_{\mathrm{th}}\delta(t-t') \tag{1.7b}$$

其中 $n_{\mathrm{th}} = \{\exp[\hbar\Omega_{\mathrm{m}} / (k_B T) - 1]\}^{-1}$ 是热声子占据数，T 是热库环境的温度，k_B 是玻尔兹曼常数。

相干激光场的驱动将导致光学模谐振子和机械模谐振子的位移效应。为方便起见，一般采用位移变换，即 $a \to a_1 + \alpha$，$b \to b_1 + \beta$，这里 α 和 β 是经典数，表示光学模和机械模的位移，a_1 和 b_1 是算符，表示在光学模和机械模经典值附近的量子涨落。将经典部分与量子涨落分离，非线性的量子朗之万方程（1.6）重新写为

$$\dot{\alpha} = -\left(i\Delta' + \frac{\kappa}{2}\right)\alpha - i\Omega \tag{1.8a}$$

$$\dot{\beta} = -\left(i\Omega_{\mathrm{m}} + \frac{\gamma_m}{2}\right)\beta - ig|\alpha|^2 \tag{1.8b}$$

$$\dot{a}_1 = -\left(i\Delta' + \frac{\kappa}{2}\right)a_1 - ig\alpha(b_1 + b_1^\dagger) - iga_1(b_1 + b_1^\dagger) + \sqrt{\kappa}a_{\mathrm{in}} \tag{1.8c}$$

$$\dot{b}_1 = -\left(i\Omega_{\mathrm{m}} + \frac{\gamma_m}{2}\right)b_1 - ig(\alpha^* a_1 + \alpha a_1^\dagger) - iga_1^\dagger a_1 + \sqrt{\gamma_m}b_{\mathrm{in}} \tag{1.8d}$$

其中有效频率失谐量 $\Delta' = \Delta + g(\beta + \beta^*)$。

在强驱动条件下，经典部分将占据主导因素，在方程（1.8）中的非线性项 $iga_1(b_1 + b_1^\dagger)$ 和 $iga_1^\dagger a_1$ 可以被忽略掉，然后获得关于 a_1 和 b_1 线性化的量子朗之万方程，相应的线性化哈密顿量为

$$H_L = \Delta' a_1^\dagger a_1 + \Omega_{\mathrm{m}} b_1^\dagger b_1 + (Ga_1^\dagger + G^* a_1)(b_1 + b_1^\dagger) \tag{1.9}$$

这里 $G = g\alpha$ 是增强的有效光力耦合强度。

当前，随着实验技术的快速进步尤其是微纳制造业的迅猛发展（如图 1-2 所示），腔光力系统已在各式实验平台上得以实现。

1.2.2　边带冷却原理

从方程（1.9）中可以发现，有效频率失谐量 Δ' 对于系统的动力学至关重要，它决定了光学模 a_1 与机械模 b_1 之间的相互作用形式。在相对于自由项 $\Delta' a_1^\dagger a_1 + \Omega_{\mathrm{m}} b_1^\dagger b_1$ 的相互作用描绘下，线性化哈密顿量变换为

$$H_L^{\text{int}} = G\mathrm{e}^{i(\Delta'-\Omega_\mathrm{m})t}a_1^\dagger b_1 + G^*\mathrm{e}^{-i(\Delta'-\Omega_\mathrm{m})t}a_1 b_1^\dagger + G\mathrm{e}^{i(\Delta'-\Omega_\mathrm{m})t}a_1^\dagger b_1^\dagger + G^*\mathrm{e}^{-i(\Delta'-\Omega_\mathrm{m})t}a_1 b_1 \tag{1.10}$$

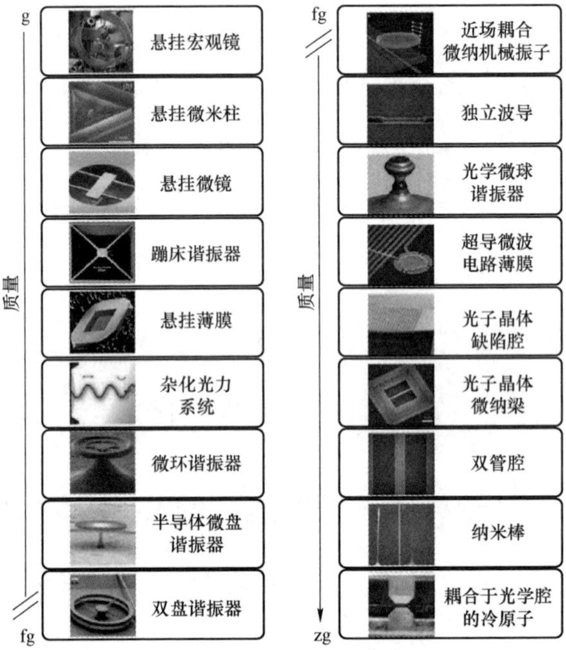

图 1-2　不同的腔光力系统实验装置图[2]

如果选择驱动场为红失谐，即 $\Delta' = \Omega_\mathrm{m}$ 时

$$H_L^{\text{int}} = Ga_1^\dagger b_1 + G^* a_1 b_1^\dagger + G\mathrm{e}^{2i\Omega_\mathrm{m}t}a_1^\dagger b_1^\dagger + G^*\mathrm{e}^{-2i\Omega_\mathrm{m}t}a_1 b_1 \tag{1.11}$$

如图 1-3 中左侧的箭头线所示，被哈密顿量中 $Ga_1^\dagger b_1 + G^* a_1\ b_1^\dagger$ 控制的 $|n,m\rangle \leftrightarrow |n+1,m-1\rangle$ 是共振的，然后经过腔的耗散 κ，$n+1,m-1\rangle \to |n,m-1\rangle$。因此，在红失谐驱动激光的作用下，低频激光光子先从机械振子中吸收一个声子的能量，接着辐射出一个高频光子，这将直接导致机械振子损失了一个声子的能量，所以该过程也被称为反斯托克斯冷却过程。如图 1-3 中右侧的箭头线所示，由于存在 $2\Omega_\mathrm{m}$ 的大失谐，哈密顿量 $Ga_1^\dagger b_1^\dagger + G^* a_1 b_1$ 控制的 $|n,m\rangle \leftrightarrow |n+1,m+1\rangle$ 被极强地抑制。所以，方程（1.11）中的哈密顿量可以约化为 $H_L^{\text{int}} \simeq G\ a_1^\dagger\ b_1 + G^* a_1\ b_1^\dagger$，这种类型的哈密顿量也被称为分束器型相互作用的哈密顿量，被广泛用来实现机械振子的边带冷却，还可用于光学模与机械模之间的量子态转移。

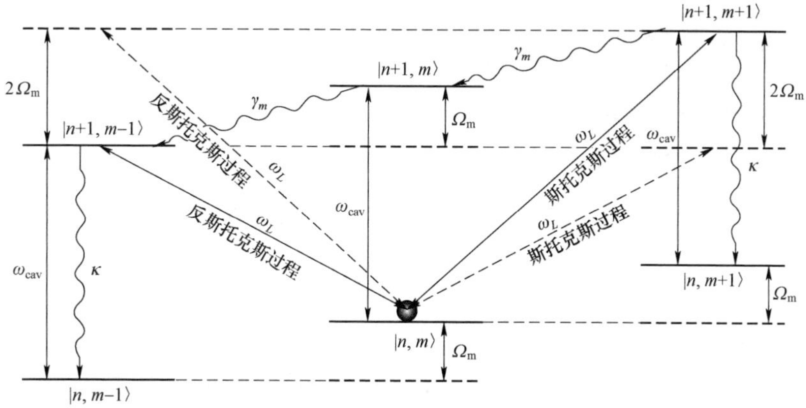

图 1-3 线性化哈密顿量的能级图。其中$|n;\ m\rangle$表示 n 个光子和 m 个声子的量子态

如果选择驱动场为蓝失谐，即 $\Delta' = -\Omega_{\mathrm{m}}$ 时，

$$H_L^{\mathrm{int}} = Ga_1^{\dagger}b_1^{\dagger} + G^{*}a_1b_1 + G\mathrm{e}^{-2i\Omega_{\mathrm{m}}t}a_1^{\dagger}b_1 + G^{*}\mathrm{e}^{2i\Omega_{\mathrm{m}}t}a_1b_1^{\dagger} \tag{1.12}$$

如图 1-3 中右侧的实线箭头线所示，由哈密顿量中 $Ga_1^{\dagger}b_1^{\dagger} + G^{*}a_1b_1$ 控制的 $|n,m\rangle \leftrightarrow |n+1,m+1\rangle$ 是共振的，然后经过腔的耗散 κ，$|n+1,m+1\rangle \rightarrow |n,m+1\rangle$。因此，在蓝失谐驱动激光的作用下，机械振子先从高频激光光子中获取一个声子的能量，接着辐射一个低频光子，这将直接导致机械振子增加一个声子的能量，所以该过程也被称为斯托克斯加热过程。如图 1-3 中左侧的虚线箭头线所示，由于存在 $2\Omega_{\mathrm{m}}$ 的大失谐，由哈密顿量 $Ga_1^{\dagger}b_1 + G^{*}a_1\ b_1^{\dagger}$ 控制的 $|n,m\rangle \leftrightarrow |n+1,m-1\rangle$ 被极强地抑制。所以，方程（1.11）中的哈密顿量可以约化为 $H_L^{\mathrm{int}} \simeq Ga_1^{\dagger}\ b_1^{\dagger} + G^{*}a_1b_1$，这种类型的哈密顿量也被称为双模压缩型相互作用哈密顿量，被广泛用来实现光学模与机械模之间的强关联效应。

1.2.3 机械压缩及其度量

根据量子力学可知，如果两个不对易的算符 A 和 B 满足对易关系 $[A,B]=iC$，则按照海森堡不确定性原理有：

$$V(A)V(B) \geqslant \frac{1}{4}\left|\langle C\rangle\right|^2 \tag{1.13}$$

如果 A 的方差 $V(A)$ 或者 B 的方差 $V(B)$ 满足：

$$V(\gamma) < \frac{1}{2}|\langle C\rangle| \ (\gamma = A,B) \tag{1.14}$$

那么系统对应的量子态即为压缩态。

一般地，机械模的正交分量算符在讨论机械压缩态时是十分重要的。为此，引入机械振子的无量纲位移正交分量算符 X_b 和动量正交分量算符 Y_b：

$$X_b = (b + b^{\dagger}) / \sqrt{2} \tag{1.15a}$$

$$Y_b = (b - b^{\dagger}) / \sqrt{2}i \tag{1.15b}$$

这里 b 和 $b^{\dagger}$ 分别是机械振子的玻色湮灭算符和产生算符。根据 b 和 $b^{\dagger}$ 的玻色对易关系 $[b,b^{\dagger}]=1$，可得 X_b 和 Y_b 的对易关系 $[X_b,Y_b]=i$，因此，只要

$$V(X_b) < \frac{1}{2} \text{或} V(Y_b) < \frac{1}{2} \tag{1.16}$$

机械振子将处于压缩态。

众所周知，在量子力学中，量子态随时间的演化是幺正演化。

$$|\psi(t)\rangle = U(t)|\psi(0)\rangle \tag{1.17}$$

其中

$$U(t) = \exp\left[-\frac{i}{\hbar}Ht\right] \tag{1.18}$$

是系统的时间演化算符，H 则是系统的哈密顿量。当系统初始处于真空态即 $|\psi(0)\rangle = |0\rangle$ 时，方程（1.17）变为

$$|\psi(t)\rangle = U(t)|0\rangle \tag{1.19}$$

另一方面，在各类压缩态中，最基本的为压缩真空态。压缩真空态的具体形式为

$$|r\rangle = S(r)|0\rangle \tag{1.20}$$

其中

$$S_1(r) = \exp\left[\frac{1}{2}(r^* b^2 - r b^{\dagger 2})\right] \tag{1.21}$$

是单模压缩算符，这里 $r = \eta\exp(i\theta)$ 为压缩复参量，$0 \leqslant \eta < \infty$ 为表征压缩强弱的压缩振幅，$0 \leqslant \theta \leqslant 2\pi$ 为描述压缩方向的角度。

将方程（1.19）和（1.20）作比较，可以发现如果时间演化算符 $U(t)$ 具有

$S(r)$ 的形式，则在 t 时刻系统将处于压缩真空态。进一步比较方程（1.18）和（1.21），发现如果系统具有某种描述双声子过程的哈密顿量，则在该过程中就可以产生期望的压缩真空态。因此，在腔光力系统中要实现机械模的压缩，关键是构造出具有双声子过程的有效哈密顿量。

除了正交分量算符的方差 $V(X_b)$ 或 $V(Y_b)$ 能够表征压缩的强度之外，还一般采用如下以 dB 为单位的方式度量压缩的强弱

$$\zeta = -10\lg\frac{V(Z_b)}{V_{\text{vac}}} \quad (Z = X, Y) \tag{1.22}$$

其中 V_{vac} 表示真空态的方差。如果机械压缩量正好是真空态的一半时，即 $V(Z_b) = V_{\text{vac}}/2$，机械压缩强度对应着 3 dB。在一些机械压缩方案中，由于受系统稳定性等条件的约束限制，机械压缩强度达到 3 dB 十分困难。因此，打破 3 dB 压缩极限成为强机械压缩的标志。

此外，由于单模压缩态在相空间中体现为一个椭圆，因此在相空间中通过 Wigner 函数研究机械模的压缩更形象具体。单个机械模的 Wigner 函数定义为

$$W(\boldsymbol{D}) = \frac{1}{2\pi\sqrt{\text{Det}[\boldsymbol{V}_b]}}\exp\left\{-\frac{1}{2}\boldsymbol{D}^T\boldsymbol{V}_b^{-1}\boldsymbol{D}\right\} \tag{1.23}$$

其中 $\boldsymbol{V}_b$ 是机械模 b 的 2×2 协方差矩阵，$\boldsymbol{D} = [X_b, Y_b]^T$ 是二维正交分量算符矢量。

除了上述介绍的单模压缩态，还有多模压缩态，其中最常见的是双模压缩态。双模压缩算符为

$$S_2(r) = \exp[r^* b_1 b_2 - r b_1^\dagger b_2^\dagger] \tag{1.24}$$

其中 $r = \eta\exp(i\theta)$，b_1 和 b_2 分别为模 b_1 和模 b_2 的湮灭算符。将双模压缩算符作用在双模真空态 $|0\rangle_{b_1}|0\rangle_{b_2}$ 就得到了双模压缩真空态，即

$$|\xi\rangle = S_2(r)|0\rangle_{b_1}|0\rangle_{b_2} \tag{1.25}$$

由于双模压缩算符 $S_2(r)$ 不能分解为两个单模压缩算符的乘积形式，因此双模压缩真空态也不能分解成两个单模压缩真空态的乘积形式，所以双模压

缩真空态本质上是一种双模纠缠态。在腔光力学中，通过制备双模机械压缩态，再借助边带冷却技术，是实现强机械-机械纠缠的一种重要途径。

另一方面，除了常见的用离散 Hilbert 空间描述量子态之外，还有另一种采用无限维 Hilbert 空间描述系统的量子态。此时，通常使用所谓的连续变量的物理量来刻画系统的量子特性。例如，如果我们采用光学场的一对正交分量来描述光场的量子特性时，光学场的纠缠特性体现在光场的量子涨落上。

腔光力系统中所涉及的机械振子系统属于连续变量模型系统，一般来讲，腔光力系统中机械振子正交算符的一阶矩和二阶矩就可以完备地描述系统的性质。如果两个机械模的正交算符排成一个列向量

$$R=[X_{b_1},Y_{b_1},X_{b_2},Y_{b_2}]^T=[R_1,R_2,R_3,R_4]^T \tag{1.26}$$

则其一阶矩可以表示为

$$\bar{\boldsymbol{R}}=\mathrm{Tr}(R\varrho)=\langle R\rangle=[\langle R_1\rangle,\langle R_2\rangle,\langle R_3\rangle,\langle R_4\rangle]^T \tag{1.27}$$

二阶矩可以用一个 4×4 的协方差矩阵 $\boldsymbol{\sigma}$ 来描述，其矩阵元 $\boldsymbol{\sigma}_{ij}$ 定义为

$$\boldsymbol{\sigma}_{ij}=\langle R_iR_j+R_jR_i\rangle/2-\langle R_i\rangle\langle R_j\rangle\ (i,j=1,2,3,4) \tag{1.28}$$

特别地，协方差矩阵 $\boldsymbol{\sigma}$ 的对角元素恰是正交算符的方差 $\sigma_{kk}=V(R_k)=\langle R_k^2\rangle-\langle R_k\rangle^2$。因此，在讨论单模机械压缩时，协方差矩阵的对角元素具有重要的意义。

另外腔光力系统中机械振子所涉及的连续变量量子态，如热态、压缩态等，它们均是高斯型的量子特征函数，这类高斯量子态的量子纠缠性质完全体现在协方差矩阵中。因此，对于双模机械压缩制备的机械-机械纠缠，可以采用对数负值度 E_N 表征量子纠缠的强弱[28]。如果双模高斯态 4×4 的协方差矩阵表示成

$$\boldsymbol{\sigma}=\begin{pmatrix}\boldsymbol{V}_1 & \boldsymbol{V}_3\\ \boldsymbol{V}_3^T & \boldsymbol{V}_2\end{pmatrix} \tag{1.29}$$

这里 V_1、V_2 和 V_3 是 2×2 的子矩阵，则对数负值纠缠度 E_N 表示成

$$E_N = \max[0, -\ln(2\eta)] \tag{1.30}$$

其中

$$\eta = \sqrt{\frac{\Sigma - \sqrt{\Sigma^2 - 4\mathrm{Det}[\boldsymbol{\sigma}]}}{2}} \tag{1.31a}$$

$$\Sigma = \mathrm{Det}[\boldsymbol{V}_1] + \mathrm{Det}[\boldsymbol{V}_2] - 2\mathrm{Det}[\boldsymbol{V}_3] \tag{1.31b}$$

1.3 研究现状及分析

1.3.1 机械振子基态冷却研究现状

2007 年，德国学者 Marquardt 等人基于标准的腔光力系统模型，在理论上比较全面系统地分析讨论了单个机械振子的基态冷却问题，研究推导了光力冷却速率并计算了可达到的最低声子数[29]。他们发现，只有在腔场线宽远远小于机械振子频率时，即在可分辨边带条件下，机械振子才有可能冷却到量子基态。在机械无阻尼的理想条件和红失谐驱动机制下，可以得到一个形式上极其简单的冷却极限 $n_{\text{lim}} = [\kappa/(4\Omega_{\text{m}})]^2$。随后，大量的研究工作围绕着如何在坏腔条件，即打破可分辨边带机制和打破声子最低冷却极限这两个方面展开。

在不可分辨边带机制下，实现机械振子基态冷却的主要思路是引入一个辅助系统，通过量子相消干涉效应将涨落谱 $\omega = -\Omega_{\text{m}}$ 处的斯托克斯加热跃迁抑制掉。典型的辅助系统一般有光学耦合腔[30,31]、原子系综[32]等。

如图 1-4 所示，北京计算科学研究中心 Guo 等人通过将一个光学腔与光力腔耦合，提出了类电磁诱导透明的冷却机理[30]。发现如果恰当地选择光学耦合腔的衰减率，可让光力涨落谱在 $\omega = \Omega_{\text{m}}$ 处的冷却强度远远大于在 $\omega = -\Omega_{\text{m}}$ 处的加热强度，即使在光力腔处于不可分辨边带机制下，机械振子依然可以成功地冷却到量子基态。

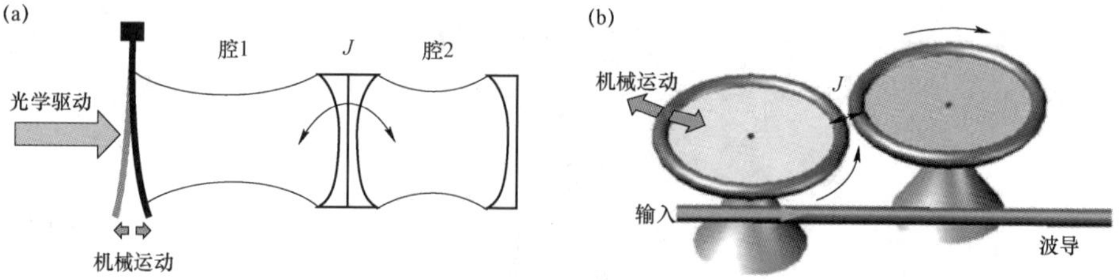

图 1-4　基态冷却双腔光力系统示意图[30]。(a) 法布里珀罗腔，(b) 回音壁腔

如图 1-5 所示，北京大学 Chen 等人通过在腔光力系统中囚禁一团原子系综，也成功实现了在不可分辨边带机制下机械振子的基态冷却[32]。在该方案中，同时研究了反对称 Fano 共振和电磁诱导透明共振两种冷却机制。如图 1-5 (b) 所示，通过构建路径 $|1\rangle \to |2\rangle$ 与 $|1\rangle \to |2\rangle \to |3\rangle \to |2\rangle$ 之间的量子相消干涉和路径 $|1\rangle \to |2'\rangle$ 与 $|1\rangle \to |2'\rangle \to |3'\rangle \to |2'\rangle$ 的量子相长干涉，加热效应被极大地抑制而冷却效应被极大地增强，从而将机械振子冷却到量子基态。

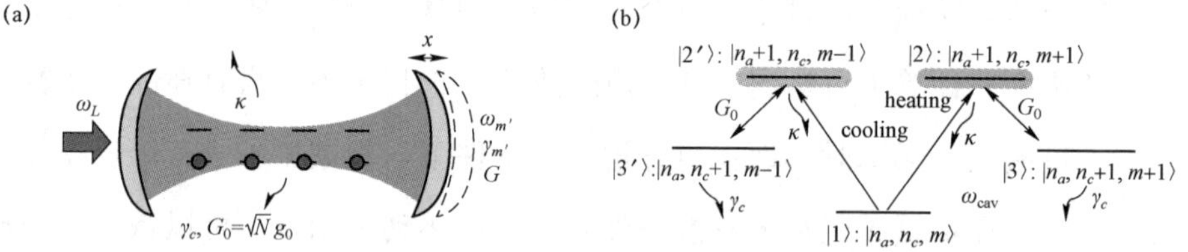

图 1-5　杂化原子-光力系统实现机械振子基态冷却[32]。
(a) 存在耦合于光学腔模的原子云光力系统；(b) 位移框架下系统的能级图

除了上述在不可分辨边带机制下研究机械振子的基态冷却，还有一些方案研究了如何打破声子的最低冷却极限这一问题。例如，在如图 1-6 (a) 所示的一个标准腔光力系统中，通过周期性地调制腔的耗散，北京大学 Liu 等人发现冷却过程可被极大地加快并将热噪声抑制掉，从而将反作用冷却极限成功地打破[33]。他们随后又提出利用腔内压缩的方法来实现机械振子的基态冷却[34]。如图 1-6 (b) 所示，利用具有腔内压缩效应的光学腔，在腔内部产生压缩态光场，基于量子干涉效应，使所有通道的耗散引起的噪声在腔内发生干涉，从而消除量子反作用引起的加热效应。通过压缩泵浦光场与冷却光场振幅和相位的匹配，由耗散导致的加热效应完全被抑制，使净冷却速率大大提高，且冷却极限大幅降低，完全突破了量子反作用极限。

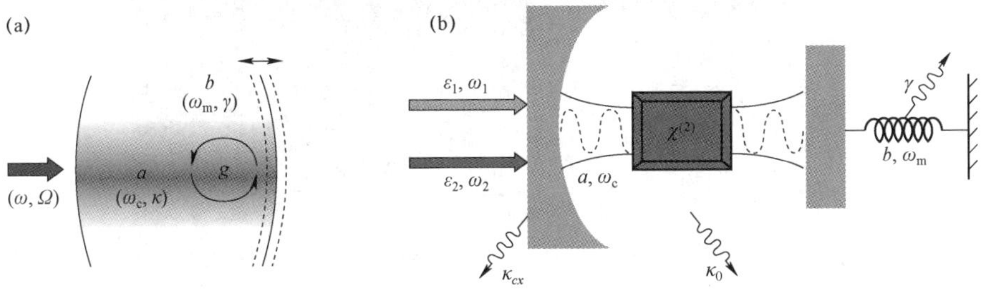

图 1-6　打破量子反作用冷却极限方案装置示意图。
（a）动力学耗散冷却方案[33]；（b）内腔压缩光力冷却方案[34]

此外，除了对单个机械振子不可分辨边带机制和突破量子反作用极限方面的研究，如图 1-7 所示，在色散光力耦合系统[35]和耗散光力耦合系统[36]中，双机械振子的同时基态冷却问题也被分别研究。与两个机械振子同时耦合于共同腔场的方案[37]相比，双机械振子耦合模型可以成功地避开暗模效应，第二个机械振子借助第一个机械振子实现了有效的声子布局转移从而冷却到量子基态。

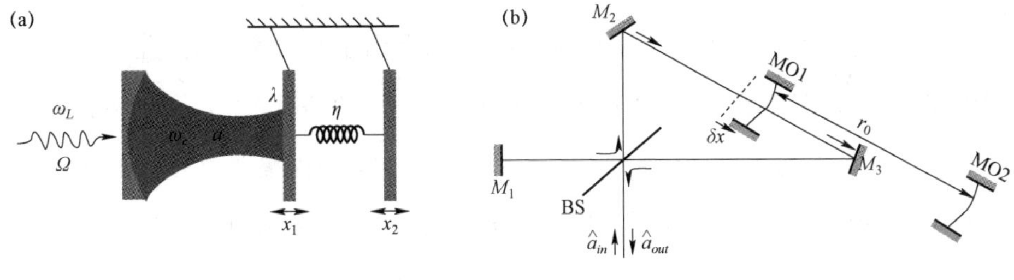

图 1-7　双机械振子同时冷却示意图。
（a）色散光力耦合系统[35]；（b）耗散光力耦合系统[36]

实验方面，基于如图 1-8 所示的回音壁腔，介观机械振子的可分辨边带冷却方案已在实验上被首次证实[38]。

而在微波层面（如图 1-9 所示），利用约瑟夫森结参量放大器产生的压缩微波场驱动光力系统，实现了宏观机械振子的基态冷却，并且冷却结果可以成功地打破量子反作用极限。

图 1-8　可分辨边带冷却方案中由硅微盘光学腔和高品质因子径向呼吸模组成的回音壁腔[38]

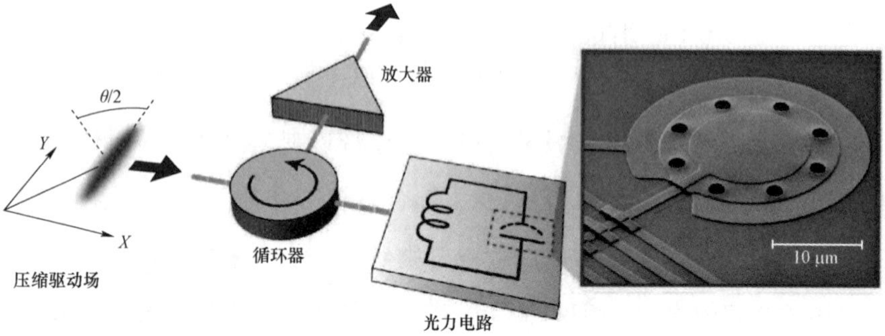

图 1-9　微波腔光力系统中实现压缩光驱动的机械振子基态冷却实验装置图[39]

1.3.2　机械振子压缩效应研究现状

当前基于腔光力系统实现机械压缩人们提出了几种常见的方法，比如动力学调制[40]、双色激光驱动[41]、机械非线性[42]等。在图 1-10 所示的标准腔光力系统中，湖南师范大学 Liao 等人通过利用一束大失谐振幅调制的驱动场泵浦系统，将机械模调制成一个参量共振谐振子，从而导致了机械压缩的实现。

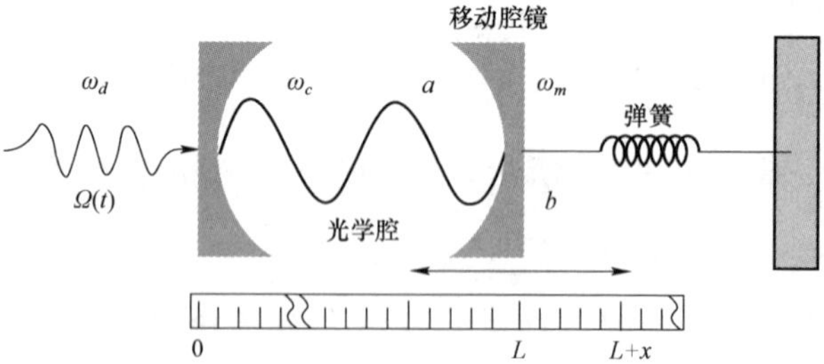

图 1-10　压缩方案[40]中的腔光力系统示意图

德国学者 Kronwald 等人则通过采用如图 1-11 所示的红蓝失谐双色驱动技

术，在一个标准腔光力系统中实现了远远超越 3 dB 极限的强机械压缩效应。双色驱动方案的核心是将机械波戈留波夫模与腔模的相互作用调制成分束器型相互作用，通过腔模使波戈留波夫模冷却，从而将机械模实现强机械压缩。

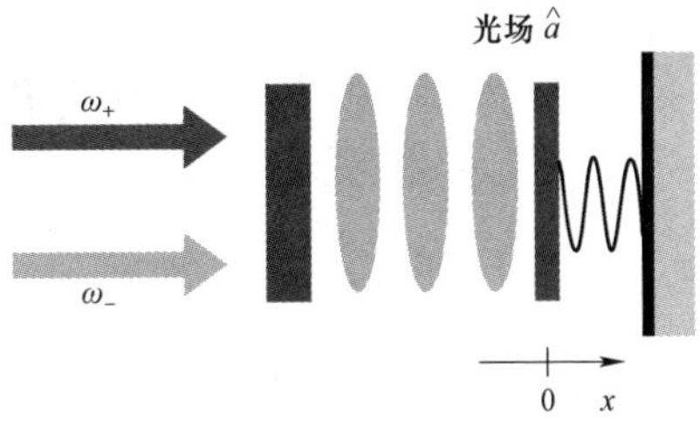

图 1-11 红蓝失谐双色驱动方案示意图[41]

华中科技大学 Lü 等人通过考虑一个非线性机械振子成功地在腔光力系统中引入机械非线性，从而在系统动力学线性化之后构造了制备机械压缩的有效哈密顿量[42]。他们发现最佳的机械压缩效应正好发生在红失谐驱动的机械模冷却最优之处。此外，该方案还展示了机械压缩可以借助一个辅助腔模的输出场通过零差探测技术测量。

此外，利用双色微波场驱动（如图 1-12 所示），实验上已经可以操控一个微米尺度机械振子的热涨落产生稳定的正交压缩态，其最低方差能够减少到基态真空涨落的 0.8 倍[43]。在该实验方案中也讨论了从输出谱的角度如何测量机械压缩。

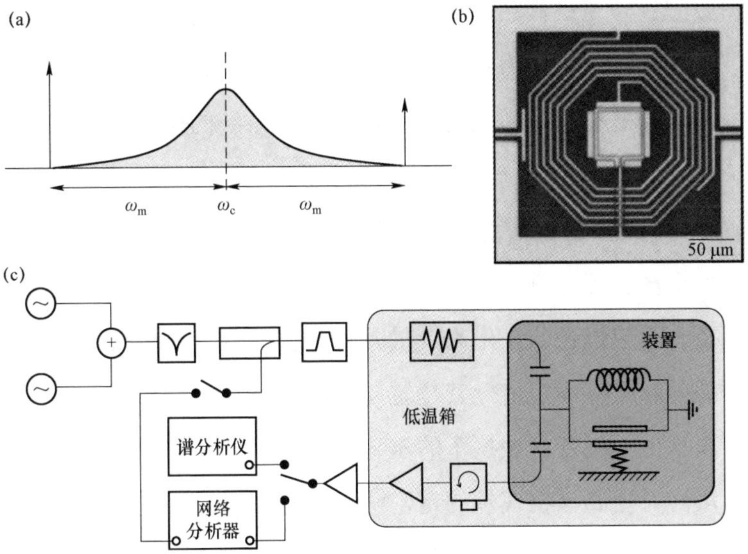

图 1-12 实现机械压缩的装置示意图[43]。(a)相对于腔场频率的双色驱动频率展示示意图，（b）装置的光学显微图，（c）测量压缩的微波电路图

1.4 研究目的及意义

近年来，随着微纳制造技术的迅猛发展，越来越多的关注焦点和研究兴趣集中在描述光学（微波）腔场与机械运动相互作用的腔光力学这一新兴学科上。目前，无论在量子物理基础研究方面还是在超高精密测量、量子信息处理等实际应用领域，腔光力系统以其独特的性能与优势正成为量子科学研究领域新的热点之一。然而，要实现对宏观机械振子的有效量子操控和在宏观尺度水平上凸显量子效应，关键的前提是有效抑制掉环境热噪声的不利影响，将机械振子成功地冷却到量子基态。一方面有助于观测到显著的宏观量子现象，另一方面可以极大地减弱热库环境对腔光力系统退相干的影响，从而更好地维持这些量子行为。当前，在腔光力系统中对单个机械振子的基态冷却无论在理论还是实验上都取得了巨大的成功。随着研究的不断深入，大尺度的多机械振子集成化复合系统已成为势不可挡的潮流，其对于研究量子物理多体效应、宏观机械系统退相干性、声学系统量子态的转移等具有重要的意义。因此，基于腔光力系统研究多机械振子，尤其是更普遍的非共振大失谐机械振子的基态冷却问题势必为多模机械系统的研究价值与潜在应用奠定基础。

众所周知，经典世界宏观尺度的机械振子可同时具有确定的位置和动量。然而，一旦机械振子被有效操控冷却到量子基态，一些与经典世界截然不同的非经典量子效应迅速凸显出来。最具代表性的现象是机械振子的位置和动量将不可能同时具有确定值，其位置动量的不确定度受到海森堡不确定原理的约束。基于此，制备机械振子的压缩态对于降低所要压缩的正交分量的不确定度，从而对提高该物理量的精密测量具有重要的意义。此外，机械压缩态的实现对于观测宏观量子现象、探讨宏观系统退相干行为也具有很大的研究价值。

另一方面，通过制备双模机械压缩，再借助边带冷却技术将机械波戈留波夫模冷却是制备机械-机械纠缠的一种重要方法。而由爱因斯坦、波多尔斯基和罗森在 1935 年提出的量子纠缠，目前早已在原子、光子、离子等微观粒子中成功制备，其对检验量子力学基本原理、促进人们更加深刻地认识量子世界发挥了至关重要的作用。此外，量子纠缠还是量子隐形传送、量子密集编码、量子密钥分发等量子信息处理任务的重要资源，对于量子通信等量子科技的发展具有巨大的应用前景。除了原子、光子、离子等微观粒子，针对量子纠缠能否可以在介观甚至是宏观尺度水平上成功制备这一有趣问题，研究人员基于腔光力系统开展了广泛探索与深入研究。除了所制备的机械-机械纠缠相对较弱之外，有的方案采取了多重调制以及多个泵浦激光源等复杂的技术和资源。因此，采取简单的动力学调制技术制备双模机械压缩从而实现强的机械-机械纠缠，不仅对于降低复杂技术要求和减少资源需求方面具有重要的现实意义，而且对在宏观尺度水平上揭示更加显著的量子效应，以及检验量子物理理论也有重大的促进作用，在基于腔光力系统中量子纠缠连续变量、量子信息处理任务方面具有广阔的应用前景。

基于腔光力系统，本书介绍了双机械振子的同时基态冷却、动力学周期调制制备强机械压缩，以及联合效应制备强机械压缩和通过制备双模机械压缩从而实现强机械-机械纠缠。主要内容如下。

1. 在一个复合的三模腔光力系统中，提出通过引入频率调制和偏置门电压开关，极大改善双机械振子基态冷却的方案。对于同频共振机械振子和大失谐机械振子两种情形，具体分析了双机械振子的平均声子数演化动力学。通过与未施加调制的情况做对比，详细讨论了频率调制和电压调制在冷却过程中各自扮演的角色。设计了实验实现具体系统模型，对方案的可行性进行了分析。

2. 在标准的腔光力系统中，提出了如何只利用一束单色驱动场制备超越 3 dB 极限的强机械压缩方案。在长时间极限条件下，分析了系统机械位置和动量的动力学行为。在相空间中详细讨论了高频振荡反旋波项对于正交压缩方向的影响，探究了腔模耗散率对机械压缩的影响，并展示了机械压缩度对于环境热噪声的鲁棒性。

3. 通过采用合适的参数泵浦频率，研究了由参量放大器产生的腔场压缩如何有效转移到已被机械非线性压缩的机械模上。探究了总体机械压缩效应的压缩度与每个独立组分压缩度之间的关系，从物理机制出发详细分析了联合效应制备超越 3 dB 强机械压缩的原理。讨论了机械压缩效应如何利用腔的输出场直接探测。

4. 基于双机械振子腔光力系统，分别介绍了如何通过制备双模机械压缩从而实现高度纠缠同频和失谐两个机械振子的方案。从物理机理本质的角度详细分析了产生强机械-机械纠缠的原因，分析讨论了高频振荡反旋波项对纠缠制备的影响。阐述了机械波戈留波夫模布局数与纠缠度的关系，也讨论了实验上如何探测所制备的机械-机械纠缠。

第2章 动力学调制打破量子反作用和频率比限制的双振子基态冷却

2.1 引言

随着微纳技术的快速发展，基于光机械（电机械）系统宏观振子的量子操控获得极大的关注[2,44]。原因是该机械平台上多种宏观量子现象在理论和实验上均可被显著地展示和验证，例如量子纠缠（包括光力纠缠和机械-机械纠缠）[45-49]、机械压缩[40,42,43,50-52]、宏观量子叠加态[53,54]、阻塞效应[55-58]等。另一方面，这一学科的研究对于涉及机械系统的实际应用也有广泛的潜在价值，包括量子信息处理[21,23,59]、精密测量[60,61]、非互易传输[62-65]、声子激光[66-67]等。然而，在机械系统中为了揭示上述量子效应和获取可能的实际应用，先决条件是有效地抑制热噪声的不利影响从而将机械振子冷却到量子基态[2]。因此，如何实现机械振子的基态冷却是腔光力学的核心研究内容，同时也日益引人关注。为此，许多可供选择的冷却方案被相继提出，例如反馈冷却[8,68,69]、反作用冷却[15]、边带冷却[29,70]。其中，边带冷却是最有效的冷却方法之一，并且目前已经在理论和实验上被广泛地研究[17,18,29,70,71]。传统的边带冷却方案要求系统处于可分辨边带之下，即光学（微波）场的衰减率要小于机械振子的机械频率[29,70]。实验层面，除了几种特定的光力系统[17,18]，可分辨边带机制的实现依旧充满了挑战。因此，通过借助辅助系统，例如高品质光学腔[30,31,72]和低衰减率原子系综[32,73]，新的打破可分辨边带机制的基态冷却方案被陆续提出。

另一方面，由于受光学（微波）模与机械模之间反旋波相互作用的影响，边带冷却方案中的反作用过程将不可避免地导致机械振子的加热效应[2,29,70]，它产生了稳态机制下最低冷却声子占据数，即所谓的量子反作用极限。为了将机械振子冷却到量子反作用极限之下，一些有效的方案已被提出，例如本征频率调制[71]、压缩输入场驱动[39,74]、腔内光学压缩操控[34,75]，但这些方案仅涉及一个被冷却到基态的机械模。最近，更多关注集中在涉及两个或更多机械振子的光力系统。多模机械系统能够被用来研究各种量子现象，例如机械-机械纠缠[47,49,76]、量子同步[77,78]、光力诱导透明[79-81]。这种多模振子系统也具有潜在应用价值，例如质量传感器[82]、超灵敏探测[83]、声子-光子路由器[65]、量子态转移[84]等。为了揭示上述的量子效应以及确保这些应用得以实现，仍需要有效地抑制掉热噪声的不利影响。因此，同时将两个或多个机械振子冷却到基态，在多模机械系统的腔光力学研究中处于核心位置。为此，同时冷却耦合机械振子的方案也被提出[35,36,85,86]。但是这些方案中存在一些严格的参数限制，例如小腔衰减率、弱光力耦合机制，以及机械振子之间共振或非常接近共振的机械频率。与此同时，冷却结果也未打破量子反作用极限。因此，一系列问题随之产生——在坏腔系统特别是没有额外辅助系统的情况下如何实现耦合机械振子的基态冷却？如何将大失谐的耦合机械振子成功地冷却到基态？耦合机械振子冷却中的量子反作用极限是否能够被成功地打破？本章将在一个受调制的复合三模光力系统中探讨这些有趣的问题。

2.2 系统模型与哈密顿量

本章节所研究的系统模型如图 2-1 所示，该复合三模光力系统由一个腔模 a（本征频率 ω_c 和衰减率 κ）和两个机械振子 b_1（本征频率 ω_{m_1} 和阻尼率 γ_{m_1}）和 b_2（本征频率 ω_{m_2} 和阻尼率 γ_{m_2}）组成。

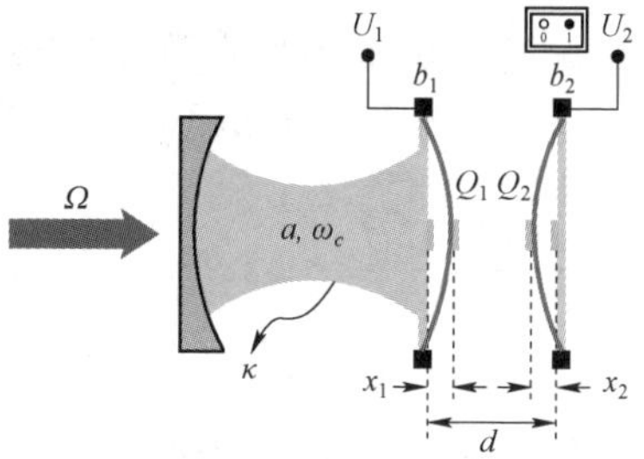

图 2-1　复合腔光力系统原理图。机械振子 b_1 通过库伦相互作用与第二个机械振子 b_2 耦合并且通过光力相互作用与腔模 a 耦合。腔模 a 被泵浦场 Ω 驱动并且 b_1（b_2）上的电极 Q_1（Q_2）由外部偏置门电压 U_1（U_2）充电。d 表示无任何相互作用 b_1 和 b_2 之间的平衡距离而 x_1 和 x_2 分别表示 b_1 和 b_2 在光力相互作用和库伦相互作用下诱导的偏离平衡位置的微小位移。偏置门电压 U_1 被执行一个不含时的形式 $U_1=V_1$。如红盒所示，对于 U_2，安装一个余弦调制开关并且 $U_2=2V_2\cos(\eta\omega t)$，这里 $\eta=0,1$ 和 $\omega=|\omega_{m_1}-\omega_{m_2}|$ 是调制频率。

系统的哈密顿量可以写为

$$H=H_1+H_2 \tag{2.1}$$

其中

$$\begin{aligned}H_1&=\hbar\omega_c a^\dagger a+\hbar\omega_{m1}b_1^\dagger b_1+\hbar\omega_{m2}b_2^\dagger b_2-\hbar g a^\dagger a(b_1^\dagger+b_1)\\&\quad+\hbar(\Omega a^\dagger \mathrm{e}^{-i\omega_L t}+\Omega^* a\mathrm{e}^{i\omega_L t})\end{aligned} \tag{2.2a}$$

$$H_2=\frac{k_e Q_1 Q_2}{|d+x_1-x_2|}=-\frac{k_e C_1 U_1 C_2 U_2}{|d+x_1-x_2|} \tag{2.2b}$$

这里 H_1 的前三项分别表示腔模 a 和机械振子 b_1 与 b_2 的自由项，第四项表示腔模 a 与机械振子 b_1 之间的光力相互作用，最后一项描述了经典激光场与腔模之间的泵浦哈密顿量，g 是单光子光力耦合强度。算符 a（$a^\dagger$）和 b_j（$b_j^\dagger$）分别是腔模和第 j 个机械振子的湮灭算符（产生算符）。H_2 表示的是两个带电机械振子 b_1 和 b_2 之间的库伦相互作用，这里 k_e 是静电常数，$Q_j=C_jU_j(j=1,2)$ 是作用在机械振子 b_j 上电极的携带电荷量，C_j 和 U_j 分别是电容和偏置电压。

与平衡距离 d 相比，机械振子的微小位移 x_j 是个小量，因此 H_2 能够被进一步展开至二阶

$$H_2=-\frac{k_e C_1 U_1 C_2 U_2}{d}\left[1-\frac{x_1-x_2}{d}+\left(\frac{x_1-x_2}{d}\right)^2\right] \tag{2.3}$$

这里线性项可以通过重新定义机械平衡位置而消除[87]，平方项包含了两

个振子振动频率的重整化。通过进一步将常数项忽略掉，有效的库伦相互作用哈密顿量被简化为

$$\begin{aligned}H_2 &= \frac{2k_e C_1 U_1 C_2 U_2}{d^3} x_1 x_2 \\ &= \hbar G(\mathrm{e}^{i\eta\omega t} + \mathrm{e}^{-i\eta\omega t})(b_1^\dagger + b_1)(b_2^\dagger + b_2)\end{aligned} \tag{2.4}$$

其中两个机械振子的微小振动位移 x_j 已经表示成

$$x_j = \sqrt{\frac{\hbar}{2m_j\omega_{mj}}}(b_j^\dagger + b_j) \quad (j = 1,2) \tag{2.5}$$

有效的机械耦合强度

$$G = \frac{k_e C_1 V_1 C_2 V_2}{d^3\sqrt{m_1\omega_{m1}m_2\omega_{m2}}} \tag{2.6}$$

这里 m_j 是第 j 个机械振子的有效质量。

在外部驱动场频率 ω_L 的旋转框架下，系统的哈密顿量重新写为

$$\begin{aligned}H &= \hbar\delta_c a^\dagger a + \hbar\omega_{m1}b_1^\dagger b_1 + \hbar\omega_{m2}b_2^\dagger b_2 - \hbar g a^\dagger a(b_1 + b_1^\dagger) \\ &\quad + \hbar(\Omega a^\dagger + \Omega^* a) + \hbar G(\mathrm{e}^{i\eta\omega t} + \mathrm{e}^{-i\eta\omega t})(b_1^\dagger + b_1)(b_2^\dagger + b_2)\end{aligned} \tag{2.7}$$

其中 $\delta_c = \omega_c - \omega_L$ 是腔场的频率失谐。此外，对腔模和两个机械模施加一个余弦频率调制。为方便起见，所采取的调制形式为

$$H_M = \frac{1}{2}\hbar\xi\nu\cos(\nu t)(a^\dagger a + b_1^\dagger b_1 + b_2^\dagger b_2) \tag{2.8}$$

其中 ξ 和 ν 分别是调制振幅和调制频率。

当复合腔光力系统被强的外部激光场驱动时，线性化技术能够被应用在目前的哈密顿量中：$a \to \alpha + a$ 和 $b_j \to \beta_j + b_j$。采用标准的线性化程序，线性化哈密顿量为

$$\begin{aligned}H_{\mathrm{lin}} &= \hbar\Delta_c a^\dagger a + \hbar\omega_{m1}b_1^\dagger b_1 + \hbar\omega_{m2}b_2^\dagger b_2 - \hbar G(ab_1^\dagger + a^\dagger b_1) - \hbar G(ab_1 + a^\dagger b_1^\dagger) \\ &\quad + \frac{1}{2}\hbar\xi\nu\cos(\nu t)(a^\dagger a + b_1^\dagger b_1 + b_2^\dagger b_2) + \hbar G(\mathrm{e}^{i\eta\omega t} + \mathrm{e}^{-i\eta\omega t})(b_1^\dagger + b_1)(b_2^\dagger + b_2)\end{aligned} \tag{2.9}$$

其中 $\Delta_c = \delta_c - g(\beta_1 + \beta_1^*)$ 是有效的腔失谐和 $G = g\alpha$ 是有效光力耦合。这里，通过选择腔场的参考相位已经将 α 设置成了实数[45]。在公式（2-9）中，不仅包含了机械模 b_1 与腔模 a（机械模 b_2）之间的分束器相互作用

$-\hbar G(ab_1^\dagger + a^\dagger b_1)$ $[\hbar\mathcal{G}(\mathrm{e}^{i\eta\omega t}+\mathrm{e}^{-i\eta\omega t})(b_1^\dagger b_2 + b_1 b_2^\dagger)]$，也包含了它们之间的双模压缩相互作用 $-\hbar G(ab_1 + a^\dagger b_1^\dagger)$ $[\hbar\mathcal{G}(\mathrm{e}^{i\eta\omega t}+\mathrm{e}^{-i\eta\omega t})(b_1 b_2 + b_1^\dagger b_2^\dagger)]$。对于仅涉及一个腔模或微波模和一个机械模的标准腔光力系统边带冷却机制[29,70]，为了极大地增强反斯托克斯冷却过程并同时尽可能抑制斯托克斯加热过程，通常采用红失谐泵浦激光驱动系统以确保分束器相互作用项的共振和双模压缩相互作用项处于大失谐。

为了清楚地分析频率调制和偏置门电压调制对于公式（2.9）中不期望的双模压缩相互作用的抑制效应，定义如下的旋转变换

$$
\begin{aligned}
U(t) &= \Gamma\exp\left\{-i\int_0^t\left[\Delta_c a^\dagger a + \omega_{m1}b_1^\dagger b_1 + \omega_{m2}b_2^\dagger b_2 + \frac{1}{2}\xi\nu\cos(\nu\tau)(a^\dagger a + b_1^\dagger b_1 + b_2^\dagger b_2)\right]\right\}\mathrm{d}\tau \\
&= \exp\left\{-i\left[\Delta_c a^\dagger a t + \omega_{m1}b_1^\dagger b_1 t + \omega_{m2}b_2^\dagger b_2 t + \frac{1}{2}\xi\sin(\nu\tau)(a^\dagger a + b_1^\dagger b_1 + b_2^\dagger b_2)\right]\right\}
\end{aligned}
\tag{2.10}
$$

这里 $\boldsymbol{T}$ 表示时序算符。在以 $U(t)$ 的旋转框架下，重新变换的哈密顿量为

$$
\begin{aligned}
H_{\mathrm{int}} &= U^\dagger(t)H_{\mathrm{lin}}U(t) + i\hbar\frac{\mathrm{d}U^\dagger(t)}{\mathrm{d}t}U(t) \\
&= -\hbar G[\mathrm{e}^{-i(\Delta_c+\omega_{m1})t}\mathrm{e}^{-i\xi\sin(\nu t)}ab_1 + \mathrm{e}^{-i(\Delta_c-\omega_{m1})t}\, ab_1^\dagger] \\
&\quad + \hbar G(\mathrm{e}^{i\eta\omega t}+\mathrm{e}^{-i\eta\omega t})[\mathrm{e}^{-i(\omega_{m1}+\omega_{m2})t}\mathrm{e}^{-i\xi\sin(\nu t)}b_1 b_2 + \mathrm{e}^{-i(\omega_{m1}-\omega_{m2})t}b_1\, b_2^\dagger] + \mathrm{H.c.}
\end{aligned}
\tag{2.11}
$$

当驱动腔模的激光场在反斯托克斯边带机制（$\Delta_c = \omega_{m_1}$）时并进一步利用 Jacobi-Anger 展开

$$
\mathrm{e}^{i\xi\sin(\nu t)} = \sum_{k=-\infty}^{\infty} J_k(\xi)\mathrm{e}^{ik\nu t}
\tag{2.12}
$$

公式（2.11）中的哈密顿量变换为

$$
\begin{aligned}
H_{\mathrm{int}} = -\Bigg\{&\hbar G\left[\sum_{k=-\infty}^{\infty} J_k(\xi)\mathrm{e}^{-2i\omega_{m1}t}\mathrm{e}^{-ik\nu t}ab_1 + ab_1^\dagger\right] - \hbar G(\mathrm{e}^{i\eta\omega t}+\mathrm{e}^{-i\eta\omega t}) \\
&\times\left[\sum_{k=-\infty}^{\infty} J_k(\xi)\mathrm{e}^{-i(\omega_{m1}+\omega_{m2})t}\mathrm{e}^{-ik\nu t}b_1 b_2 + \mathrm{e}^{-i(\omega_{m1}-\omega_{m2})t}b_1 b_2^\dagger\right]\Bigg\} + \mathrm{H.c.}
\end{aligned}
\tag{2.13}
$$

其中 $J_k(\xi)$ 是第 k 阶第一类贝塞尔函数。

（1）当两个机械振子的频率相等 $(\omega_{m_1} = \omega_{m_2} = \omega_m)$ 时，仅执行频率调制关

闭电压调制（$\eta=0$），公式（2-13）的哈密顿量简化为

$$
\begin{aligned}
H_{\text{int}} = & -\left\{\hbar G\left[\sum_{k=-\infty}^{\infty} J_k(\xi)\mathrm{e}^{-2i\omega_{m1}t}\mathrm{e}^{-ik\nu t}ab_1 + ab_1^{\dagger}\right]\right. \\
& \left. -2\hbar G\left[\sum_{k=-\infty}^{\infty} J_k(\xi)\mathrm{e}^{-i\omega_m t}\mathrm{e}^{-ik\nu t}b_1b_2 + b_1b_2^{\dagger}\right]\right\} + \text{H.c.}
\end{aligned} \tag{2.14}
$$

因此，如果频率调制满足 $J_0(\xi)=0$ 和 $\nu \gg 2\omega_m$ 时将会确保最接近共振（$k=0$）的斯托克斯加热过程被完全移除，其他的加热过程（$k\neq 0$）可通过旋波近似被强烈地抑制掉（对于 $k\neq 0$，有 $|J_{k\neq 0}(\xi)|<1$ 和 $|2\omega_m+k\nu|\gg 2\omega_m$）。

（2）当两个机械振子为大失谐时，不失一般性地设定 $\omega_{m_2}\gg\omega_{m_1}=\omega_m$，公式（2.13）的哈密顿量变换为

$$
\begin{aligned}
H_{\text{int}} = & -\{\hbar G\left[\sum_{k=-\infty}^{\infty} J_k(\xi)\mathrm{e}^{-2i\omega_{m1}t}\mathrm{e}^{-ik\nu t}ab_1 + ab_1^{\dagger}\right] \\
& -\hbar G\sum_{k=-\infty}^{\infty} J_k(\xi)\mathrm{e}^{-ik\nu t}\left(\mathrm{e}^{i[(\eta-1)\omega_{m2}-(\eta+1)\omega_{m1}]t} + \mathrm{e}^{-i[(\eta+1)\omega_{m2}-(\eta-1)\omega_{m1}]t}\right)b_1b_2 \\
& -\hbar G\left[\mathrm{e}^{i(\eta+1)(\omega_{m2}-\omega_{m1})t} + \mathrm{e}^{-i(\eta-1)(\omega_{m2}-\omega_{m1})t}\right]b_1b_2^{\dagger}\} + \text{H.c.}
\end{aligned} \tag{2.15}
$$

满足 $J_0(\xi)=0$ 和 $\nu\gg 2\omega_m$ 的频率调制仍然可将最接近共振（$k=0$）的斯托克斯加热过程完全移除，而由于大失谐作用，其他斯托克斯过程的加热效应与未施加频率调制相比也变得更加微弱。此外，电压调制（$\eta=1$）诱导了两个大失谐机械振子之间的共振分束器相互作用，它成功地为第二个机械振子开辟了冷却通道。

2.3 协方差矩阵的动力学方程

考虑腔衰减和机械阻尼的影响，控制系统耗散动力学的线性化量子朗之万方程为

$$
\dot{a} = \frac{i}{\hbar}[H_{lin},a] - \frac{\kappa}{2}a + \sqrt{\kappa}a^{in} \tag{2.16a}
$$

$$
\dot{b}_j = \frac{i}{\hbar}[H_{lin},b_j] - \frac{\gamma_{m_j}}{2}b_j + \sqrt{\gamma_{m_j}}b_j^{in} \quad (j=1,2) \tag{2.16b}
$$

其中 a^{in} 和 b_j^{in} 分别是腔场的零均输入噪声算符，以及第 j 个机械振子的热噪声算符，它们满足如下的关联函数

$$\langle a^{in\dagger}(t)a^{in}(t')\rangle = 0 \tag{2.17a}$$

$$\langle a^{in}(t)a^{in\dagger}(t')\rangle = \delta(t-t') \tag{2.17b}$$

$$\langle b_j^{in\dagger}(t)b_j^{in}(t')\rangle = n_{m_j}\delta(t-t') \tag{2.17c}$$

$$\langle b_j^{in}(t)b_j^{in\dagger}(t')\rangle = (n_{m_j}+1)\delta(t-t') \tag{2.17d}$$

这里 $n_{m_j} = \{\exp[\hbar\omega_{m_j}/(k_B T)]-1\}^{-1}$ 是第 j 个机械振子的平均热声子占据数，其中 k_B 是玻耳兹曼常数，T 是机械热库温度。

由于量子噪声的零均高斯特性和公式（2.9）的线性哈密顿量，系统的稳态将向着高斯态演化[45]。在这种情况下，跟系统动力学相关的性质都能够被一个对称的 6×6 的协方差矩阵 $\boldsymbol{V}$ 完全表征，其矩阵元定义为

$$\boldsymbol{V}_{m,n} = \langle \boldsymbol{R}_m\boldsymbol{R}_n + \boldsymbol{R}_n\boldsymbol{R}_m\rangle/2 \quad (m,n=1,2,\cdots,6) \tag{2.18}$$

其中 $\boldsymbol{R} = [X_a, Y_a, X_{b_1}, Y_{b_1}, X_{b_2}, Y_{b_2}]^T$ 是腔场和机械振子的正交分量算符矢量。通过引入相应的噪声分量算符矢量

$$\boldsymbol{N} = [\sqrt{\kappa}X_a^{in}, \sqrt{\kappa}Y_a^{in}, \sqrt{\gamma_{m_1}}X_{b_1}^{in}, \sqrt{\gamma_{m_1}}Y_{b_1}^{in}, \sqrt{\gamma_{m_2}}X_{b_2}^{in}, \sqrt{\gamma_{m_2}}Y_{b_2}^{in}]^T \tag{2.19}$$

并且进一步利用关系

$$X_O = (O+O^\dagger)/\sqrt{2} \tag{2.20a}$$

$$Y_O = (O-O^\dagger)/\sqrt{2}i \tag{2.20b}$$

$$X_O^{in} = (O^{in}+O^{in\dagger})/\sqrt{2} \tag{2.20c}$$

$$Y_O^{in} = (O^{in}-O^{in\dagger})/\sqrt{2}i \tag{2.20d}$$

其中 $O\in\{a,b_j\}$，公式（2.16）中的线性化量子朗之万方程能够精确地写为

$$\dot{\boldsymbol{R}} = \boldsymbol{A}(t)\boldsymbol{R} + \boldsymbol{N} \tag{2.21}$$

其中系数矩阵为

$$A(t)=\begin{pmatrix} -\frac{\kappa}{2} & \Omega_c & 0 & 0 & 0 & 0 \\ -\Omega_c & -\frac{\kappa}{2} & 2G & 0 & 0 & 0 \\ 0 & 0 & -\frac{\gamma_{m_1}}{2} & \Omega_{m_1} & 0 & 0 \\ 2G & 0 & -\Omega_{m_1} & -\frac{\gamma_{m_1}}{2} & -2J & 0 \\ 0 & 0 & 0 & 0 & -\frac{\gamma_{m_2}}{2} & \Omega_{m_2} \\ 0 & 0 & -2J & 0 & -\Omega_{m_2} & -\frac{\gamma_{m_2}}{2} \end{pmatrix} \tag{2.22}$$

这里 $\Omega_c=\Delta_c+\frac{1}{2}\xi\nu\cos(\nu t)$， $\Omega_{m_1}=\omega_{m_1}+\frac{1}{2}\xi\nu\cos(\nu t)$， $\Omega_{m_2}=\omega_{m_2}+\frac{1}{2}\xi\nu\cos(\nu t)$， $J=\mathcal{G}(\mathrm{e}^{i\eta\omega t}+\mathrm{e}^{-i\eta\omega t})$。

方程（2.21）的形式解为

$$R(t)=L(t)R(0)+L(t)\int_0^t L^{-1}(\tau)N(\tau)\,\mathrm{d}\tau \tag{2.23}$$

其中 $L(t)=\mathcal{T}\exp\left[\int_0^t A(\tau)\,\mathrm{d}\tau\right]\boldsymbol{L}(0)$。结合方程（2.18）和（2.23），可得

$$\boldsymbol{V}(t)=\boldsymbol{L}(t)\boldsymbol{V}(0)\boldsymbol{L}^T(t)+\boldsymbol{L}(t)\boldsymbol{M}(t)\boldsymbol{L}^T(t) \tag{2.24}$$

其中

$$\boldsymbol{M}(t)=\int_0^t \mathrm{d}\tau_1\int_0^t \mathrm{d}\tau_2 \boldsymbol{L}^{-1}(\tau_2)\boldsymbol{C}(\tau_1,\tau_2)[\boldsymbol{L}^{-1}(\tau_1)]^T \tag{2.25}$$

这里双时噪声算符关联矩阵 $\boldsymbol{C}(\tau_1,\tau_2)$ 的矩阵元被定义为 $\boldsymbol{C}_{m,n}(\tau_1,\tau_2)=\langle \boldsymbol{N}_m(\tau_1)\boldsymbol{N}_n(\tau_2)+\boldsymbol{N}_n(\tau_2)\boldsymbol{N}_m(\tau_1)\rangle/2$。很明显

$$\langle \boldsymbol{N}_m(\tau_1)\boldsymbol{N}_n(\tau_2)+\boldsymbol{N}_n(\tau_2)\boldsymbol{N}_m(\tau_1)\rangle/2=\boldsymbol{D}_{m,n}\delta(\tau_1-\tau_2) \tag{2.26}$$

其中 $\boldsymbol{D}=\mathrm{Diag}[\kappa/2,\kappa/2,\gamma_{m_1}(2n_{m_1}+1)/2,\gamma_{m_1}(2n_{m_1}+1)/2,\gamma_{m_2}(2n_{m_2}+1)/2,\gamma_{m_2}(2n_{m_2}+1)/2]$。根据方程（2.25）和（2.26），可得

$$\boldsymbol{M}(t)=\int_0^t \boldsymbol{L}^{-1}(\tau)\boldsymbol{D}[\boldsymbol{L}^{-1}(\tau)]^T\,\mathrm{d}\tau \tag{2.27}$$

将上述方程代入方程（2.24），得到协方差矩阵 $\boldsymbol{V}$ 满足的动力学方程

$$\dot{\boldsymbol{V}}(t)=\boldsymbol{A}(t)\boldsymbol{V}(t)+\boldsymbol{V}(t)\boldsymbol{A}^T(t)+\boldsymbol{D} \tag{2.28}$$

一旦得到了协方差矩阵$\boldsymbol{V}$，机械振子b_1和b_2的冷却动力学将更便于研究。机械振子b_1和b_2的平均声子数可通过协方差矩阵$\boldsymbol{V}$的矩阵元给出

$$\langle b_1^\dagger b_1\rangle = \frac{1}{2}(\boldsymbol{V}_{3,3} + \boldsymbol{V}_{4,4} - 1) \tag{2.29a}$$

$$\langle b_2^\dagger b_2\rangle = \frac{1}{2}(\boldsymbol{V}_{5,5} + \boldsymbol{V}_{6,6} - 1) \tag{2.29b}$$

本章中，复合三模光力系统的初态为腔场处于真空态而每个机械振子处于热态。下面分相同机械频率和大失谐机械频率两种情况，分析讨论耦合机械振子的冷却动力学。

2.4　共振机械频率打破冷却极限的双振子基态冷却

本节首先分析讨论在强耦合机制下机械振子的冷却极限能够被打破，随后阐述证明打破冷却极限在不可分辨边带机制下依然有效。

2.4.1　强耦合机制

为了更清晰地展示受调制的双振子冷却动力学，作为对比首先简单讨论无任何调制时（$\xi=0$和$\eta=0$）的基态冷却行为。在相同机械频率下（$\omega_{m_1}=\omega_{m_2}=\omega_m$），方程（2.13）的哈密顿量被简化为

$$H_{\text{int}} = -\hbar[G(\mathrm{e}^{-2i\omega_m t}ab_1 + ab_1^+) - \lambda(\mathrm{e}^{-2i\omega_m t}b_1b_2 + b_1b_2^+)] + \text{H.c.} \tag{2.30}$$

这里已经设置$\lambda=2\mathcal{G}$。在$\omega_m \gg \{G,\lambda\}$的参数机制下，不期望的双模压缩项$[-\hbar(G\mathrm{e}^{-2i\omega_m t}ab_1 - \lambda\mathrm{e}^{-2i\omega_m t}b_1b_2)+\text{H.c.}]$能够通过旋波近似被安全地忽略掉。因此，方程（2.30）中的哈密顿量能够被进一步简化为

$$H_{\text{int}} \simeq -\hbar(Gab_1^+ - \lambda b_1b_2^+) + \text{H.c.} \tag{2.31}$$

上述哈密顿量可以明显地映射为一个三模级联系统，从中可以看出通过与真空库接触的腔场的耦合，被热库热化的机械振子b_1能够被冷却到基态。然后通过借助于第一个机械振子的冷却，第二个机械振子的冷却也随之实现。

当系统中未施加任何调制时，公式（2.22）中的含时矩阵$A(t)$将约化成一

个不含时矩阵

$$A=\begin{pmatrix} -\frac{\kappa}{2} & \Delta_c & 0 & 0 & 0 & 0 \\ -\Delta_c & -\frac{\kappa}{2} & 2G & 0 & 0 & 0 \\ 0 & 0 & -\frac{\gamma_{m1}}{2} & \omega_m & 0 & 0 \\ 2G & 0 & -\omega_m & -\frac{\gamma_{m1}}{2} & -4G & 0 \\ 0 & 0 & 0 & 0 & -\frac{\gamma_{m2}}{2} & \omega_m \\ 0 & 0 & -4G & 0 & -\omega_m & -\frac{\omega_{m2}}{2} \end{pmatrix} \tag{2.32}$$

当且仅当矩阵 $\boldsymbol{A}$ 的所有本征值均具有负实部时，系统动力学是稳定的，并且稳定约束条件可以通过 Routh-Hurwitz 判据得到[88]。图 2-2 中，当系统未被施加任何调制时，在 $G-\mathcal{G}$ 平面展示了系统的稳定区域和非稳区域。对于不太大的 G 和 $\mathcal{G}$，系统是稳定的。然而，随着 G 或 $\mathcal{G}$ 的增加，稳定区域开始收缩并且系统动力学最终变得不稳定。

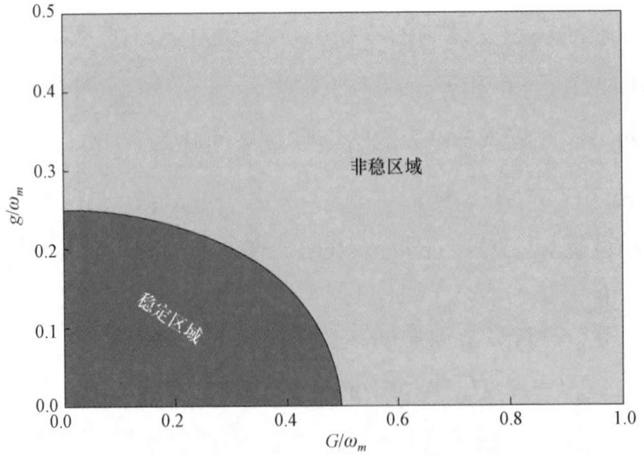

图 2-2　当无任何调制（$\xi=\eta=0$）时，在 G-$\mathcal{G}$平面由公式（2.9）中的哈密顿量 H_{lin} 确定的系统稳定性相图

当进一步设置 $\mathcal{G}=0$ 时，复合三模光力系统将简化为一个标准的腔光力系统。在这种情形下，稳定条件为 $G^2<\omega_{m_1}^2/4+\kappa^2/16$。在红失谐边带机制

（$\Delta_c = \omega_{m_1}$）和大的系统协同性［$\mathcal{C} \equiv 4G^2/(\gamma_{m_1}\kappa) \gg 1$］条件下，稳态机制下声子占据数的冷却极限是[33]

$$\langle b_1 b_1^+ \rangle_{\lim} = \frac{4G^2 + \kappa^2}{4G^2(\kappa + \gamma_{m1})}\gamma_{m1} n_{m1} + \frac{4\omega_{m1}{}^2 + (\kappa^2 + 8G^2) + \kappa^2(\kappa^2 - 8G^2)}{16\omega_{m1}{}^2(4\omega_{m1}{}^2 + \kappa^2 - 16G^2)} \tag{2.33}$$

其中依赖于环境热声子数 n_{m_1} 的第一项是经典冷却极限，而对应着量子反作用的第二项是量子冷却极限。

当级联的三模光力系统未被施加任何调制（$\mathcal{G} \neq 0$ 和 $\xi = \eta = 0$）时，第二个机械振子 b_2 的冷却极限大约为[35]

$$\langle b_1 b_1^+ \rangle_{\lim} = \frac{\gamma_{m2} n_{m2} + \chi \bar{n}}{\gamma_{m2} + \chi} \tag{2.34}$$

其中

$$\chi = 16G^2/(\gamma_{m1} + \gamma_{opt}) \tag{2.35a}$$

$$\bar{n} = \frac{\gamma_{m1} n_{m1} + \gamma_{m2} n_{m2} + \gamma_{opt} \bar{n}_{opt}}{\gamma_{m1} + \gamma_{m2} + \gamma_{opt}} \tag{2.35b}$$

$$\gamma_{opt} = 4G^2/\kappa \tag{2.35c}$$

$$\bar{n}_{opt} = \frac{\kappa^2}{4(\omega_m + \Delta_c)^2} \tag{2.35d}$$

当将频率调制引入系统中并且关闭作用在机械振子 b_2 上的电压调制（$\eta = 0$）时，公式（2.13）中的哈密顿量变为

$$\begin{aligned} H_{\text{int}} = -\hbar \Bigg\{ & G\left[\sum_{k=-\infty}^{\infty} J_k(\xi) \mathrm{e}^{-i(2\omega_m + kv)t} a b_1 + a b_1^+\right] \\ & -\lambda\left[\sum_{k=-\infty}^{\infty} J_k(\xi) \mathrm{e}^{-i(2\omega_m + kv)t} b_1 b_2 + b_1 b_2^+\right]\Bigg\} + \text{H.c.} \end{aligned} \tag{2.36}$$

很明显地，当调制频率 v 满足 $v \gg 2\omega_m$ 时，对于 $k \in (-\infty, \infty)$ 的整数，$[GJ_0(\xi)\mathrm{e}^{-2i\omega_m t} a b_1 - \lambda J_0(\xi)\mathrm{e}^{-2i\omega_m t} b_1 b_2] + \text{H.c.}$ 是所有不期望的双模压缩相互作用中最接近共振的项。如图 2-3 所示，如果选择 $\xi = 2.404\,8$，则不期望的最接近共振项可以被完全地移除掉 $[J_0(2.404\,8) = 0]$。对于 $k \neq 0$ 的非共振双模压缩项，由于 $|J_k(2.404\,8)| < 1$，因此跟没有调制的 $2\omega_m/G$ 和 $2\omega_m/\lambda$ 相比，施加频率调

制的$|(2\omega_m + k\nu)/GJ_k(\xi)|$和$|(2\omega_m + k\nu)/\lambda J_k(\xi)|$均被显著增强。所以，尽管对于$k \neq 0$的非共振双模压缩项不能被完全移除掉，它们都能被强烈地抑制。在此物理机制下，通过引入频率调制，机械振子b_1和b_2的基态冷却被极大地提高。

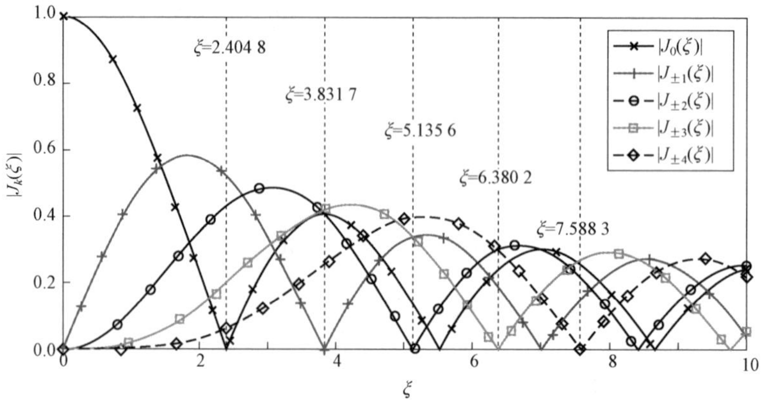

图 2-3　第一类贝塞尔函数的绝对值$|J_k(\xi)|$随 ξ 的变化。
竖线表示对于不同的 k，$|J_k(\xi)|$的零点位置。

为了验证上述分析，图 2-4 中绘制了施加和未施加频率调制时两个机械振子在不同光力耦合强度下的平均声子数演化。可以看到在未施加频率调制时，两个机械振子在稳态机制下均被冷却到了它们的基态。如图 2-4 中的加号曲线所示，一旦频率调制引入系统，稳态平均声子数$\langle b_1^\dagger b_1\rangle$和$\langle b_2^\dagger b_2\rangle$比未施加频率调制的情况下降低很多。与此同时，随着光力耦合G的增加，由调制诱导的冷却提高程度越来越明显，这是因为当G比较小时，双模压缩相互作用在未施加调制时通过旋波近似已经被强烈抑制。随着G的增加，这种抑制效应不再充分和严格。在这种情况下引入频率调制，不期望的最接近共振的相互作用项能够被完全抑制，并且由于$|(2\omega_m + k\nu)/GJ_k(\xi)|$和$|(2\omega_m + k\nu)/\lambda J_k(\xi)|$增大，其他非共振的相互作用项也被有效抑制。更重要的是，如图 2-4（a）所示，借助于频率调制技术，在$G = 0.2\omega_m$、$0.3\omega_m$和$0.4\omega_m$的情形下，此三模光力系统中的机械振子b_1的基态冷却稳态平均声子数甚至打破了传统光力系统的冷却极限。与此同时，随着系统进入强耦合机制，打破极限的程度变得越来越显著。另一方面，如图 2-4（b）所示，因为机械振子b_1的基态冷却被显

著地提高，以及机械耦合中的双模压缩相互作用被有效抑制，机械振子 b_2 的基态冷却也随之相应提高。类似地，通过引入频率调制，在强耦合机制下 $(G=0.4\omega_m)$，公式（2-34）中第二个机械振子 b_2 在级联三模光力系统中未施加调制的冷却极限也被成功打破。

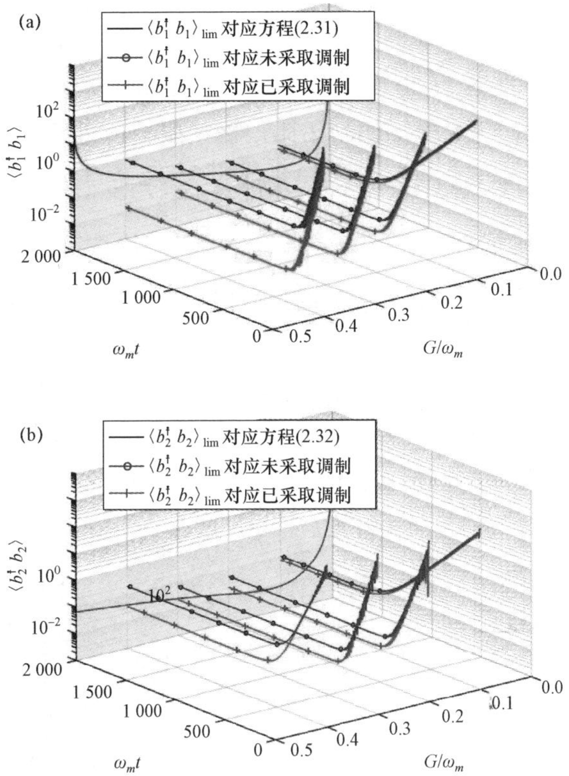

图 2-4　平均声子数的时间演化。（a）施加和未施加频率调制时不同光力耦合强度 G 下，机械振子 b_1 的平均声子数时间演化；（b）施加和未施加频率调制时不同光力耦合强度 G 下，机械振子 b_2 的平均声子数时间演化。

除了上述从系统动力学的角度分析之外，机械振子基态冷却的提高也可以从调制系统的能级结构示意图更直观地理解。如图 2-5（a）所示，在红失谐边带条件下，跃迁 $|n_a,n_{b_1},n_{b_2}\rangle\leftrightarrow|n_a+1,n_{b_1}-1,n_{b_2}\rangle$ 是共振的而且通过腔场的耗散，$|n_a+1,n_{b_1}-1,n_{b_2}\rangle\rightarrow|n_a,n_{b_1}-1,n_{b_2}\rangle$ 也能够进一步发生。然而跃迁 $|n_a,n_{b_1},n_{b_2}\rangle\leftrightarrow|n_a+1,n_{b_1}+1,n_{b_2}\rangle$ 是大失谐的，并且通过调制，$G\rightarrow GJ_k(\xi)$ 被显著减弱。因此，

深灰色箭头标记的反斯托克斯冷却过程被极大地增强，而浅灰色箭头标记的斯托克斯加热过程同时被有效抑制，这很好地解释了机械振子 b_1 基态冷却为何提高。如图 2-5（b）所示，当系统初态为 $|n_a,n_{b_1},n_{b_2}\rangle$，借助于图 2-5（a）中的过程，将向着中间态 $|n_a,n_{b_1}-1,n_{b_2}\rangle$ 演化。在相同机械频率 $\omega_{m_1}=\omega_{m_2}=\omega_m$ 的条件下，跃迁 $|n_a,n_{b_1}-1,n_{b_2}\rangle\leftrightarrow|n_a,n_{b_1},n_{b_2}-1\rangle$ 是共振的，然而由于大失谐 $|2\omega_m+k\nu|$ 和弱耦合强度 $\lambda J_k(\xi)$ 的约束，跃迁 $|n_a,n_{b_1}-1,n_{b_2}\rangle\leftrightarrow|n_a,n_{b_1},n_{b_1}+1\rangle$ 几乎不能发生。因此，跟未施加调制相比，机械振子 b_2 也能更完美地冷却。如图 2-5（b）所示，如果态 $|n_a,n_{b_1},n_{b_2}-1\rangle$ 进一步经历反斯托克斯过程，系统初态 $|n_a,n_{b_1},n_{b_2}\rangle$ 将演化成目标态 $|n_a,n_{b_1}-1,n_{b_2}-1\rangle$。一次次重复上述的跃迁过程，机械振子 b_1 和 b_2 将最终冷却到基态并且冷却结果优越于未施加调制的情况。

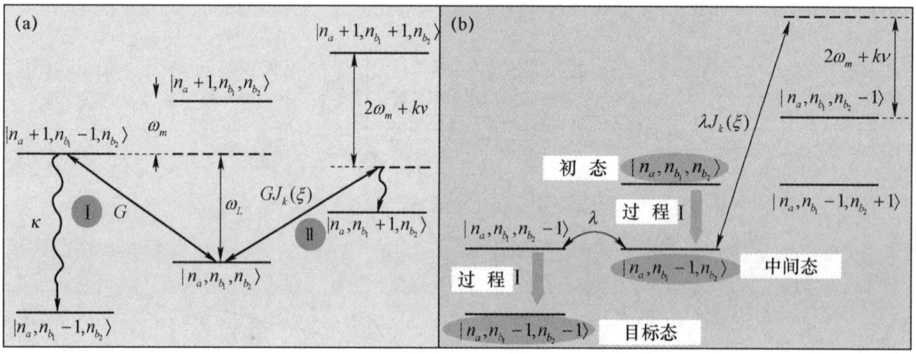

图 2-5　双模压缩相互作用抑制的能级示意图。(a) 光力耦合中双模压缩相互作用的抑制，深灰色箭头标记的过程 I 对应反斯托克斯冷却动力学，浅灰色箭头标记的过程 II 是斯托克斯加热动力学；(b) 机械耦合中双模压缩相互作用的抑制。

2.4.2　不可分别边带机制

上一小节阐述了在强耦合机制下，通过引入频率调制，机械振子 b_1 和 b_2 的基态冷却能够同时打破分别由公式（2.33）和（2.34）定义的冷却极限。这一小节将阐述两个机械振子在不可分辨边带 $\kappa>\omega_m$ 的机制下基态冷却也能同样被提高。

对于弱耦合机制 $G<(\kappa,\omega_m)$ 和无机械阻尼的标准腔光力系统，稳态平均声子数为[29,34]

$$n_s=\left(\frac{\kappa}{4\omega_m}\right)^2 \tag{2.37}$$

这意味着即使在 $\gamma_m=0$ 的理想情况下，当腔衰减过大时，由于不可避免的斯托克斯加热过程反作用，机械振子的基态冷却将会失败。

不同腔衰减率 κ 下，图 2-6 画出了施加和未施加频率调制时平均声子数 $\langle b_1^\dagger b_1\rangle$ 和 $\langle b_2^\dagger b_2\rangle$ 的动力学演化。从图中清晰地看到，在无调制时，只有当腔衰减率 κ 不太大时，基态冷却才可以实现。当腔衰减率 κ 足够大时，最终的稳态平均声子数 $\langle b_j^\dagger b_j\rangle>1$，因此两个机械振子的基态冷却都会失败。然而，一旦引入频率调制，当 κ 不是很大时，跟无调制情形相比，两个机械振子的基态冷却均能被同时提高，并且最终稳态平均声子数显著打破了分别由公式（2.33）和公式（2.34）定义的冷却极限。特别地，在足够大的腔衰减率情形下，通过调制，两个机械振子在稳态机制下依然能够成功地被冷却到基态，这极大地降低了对光力腔高品质因子的严格限制。

在上述讨论中，双机械振子基态动力学的研究仅依赖于单一参数机制，即图 2-4 中的强耦合机制和图 2-6 中的不可分辨边带机制。为了更直观地进一步阐述频率调制在基态冷却提高方面的优越性，图 2-7 展示了系统达到稳态有调制和无调制时，稳态平均声子数相对于光力耦合强度 G 和腔衰减率 κ 的变化趋势。如图 2-7 所示，存在调制时的稳态平均声子数 $\langle b_1^\dagger b_1\rangle$ 和 $\langle b_2^\dagger b_2\rangle$ 明显低于无调制的情况。特别地，在超强耦合 $G>\omega_m$ 和不可分辨边带机制同时满足的情形下，两个机械振子均能被冷却到基态。由于系统处于非稳区域，这在无调制的情形下是失败的。但在传统的非稳区域，利用频率调制系统仍然能够稳定，并且稳态平均声子数处于冷却的范围（$\langle b_j^\dagger b_j\rangle<1$）。

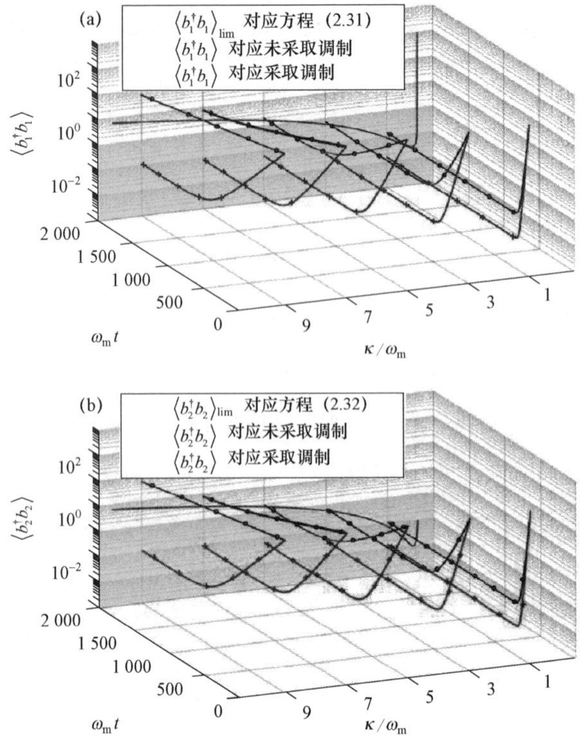

图 2-6　平均声子数的时间演化。(a) 施加和未施加频率调制时不同腔衰减率 κ 下，机械振子 b_1 的平均声子数时间演化；(b) 施加和未施加频率调制时不同腔衰减率 κ 下，机械振子 b_2 的平均声子数时间演化。

需要指出的是，在大的腔衰减率和超强光力耦合机制下，光学弹簧效应对系统动力学的反作用将扮演一个重要的角色，因此由它诱导的影响不能再忽略。在 $\mathcal{G} < \omega_{m_{1(2)}}$ 的弱机械耦合机制下，第二个机械振子对第一个机械振子的反作用可以忽略掉。因此，仅需要讨论腔场对第一个机械振子的反作用效应。在标准腔光力系统中，由腔场引起的机械频移量为[2]

$$\delta\omega_{m1} = G^2\left[\frac{-\Delta_c - \omega_{m1}}{\kappa^2/4 + (-\Delta_c - \omega_{m1})^2} + \frac{-\Delta_c + \omega_{m1}}{\kappa^2/44 + (-\Delta_c + \omega_{m1})^2}\right] \tag{2.38}$$

所以，在上述分析讨论中，第一个机械振子的频率应该修正为 $\omega'_{m_1} = \omega_{m_1} + \delta\omega_{m_1}$。与此同时，下一节将要讨论的作用在第二个机械振子上的电压调制频率 $\omega = |\omega_{m_1} - \omega_{m_2}|$ 也需要相应地修正。

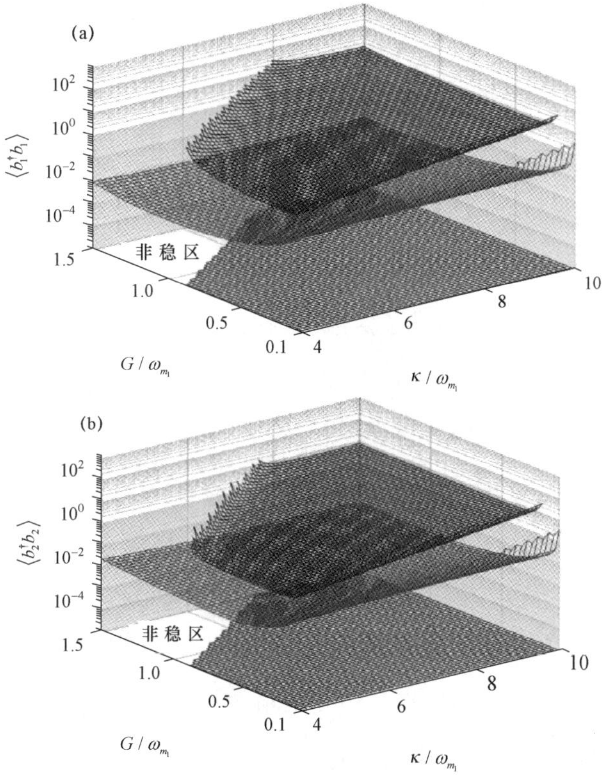

图 2-7　稳态平均声子数作为光力耦合强度 G 和腔衰减率 κ 的函数。其中上中下网格面分别代表无调制平均声子数，有调制平均声子数，和无调制时系统稳定性相图。（a）机械振子 b_1 的稳态平均声子数，（b）机械振子 b_2 的稳态平均声子数。

2.5　不同机械频率的双振子冷却

上一节讨论了利用频率调制提高两个相同机械频率振子的基态冷却。当机械频率不同时，尤其是大失谐的情况下，上一节的方案是无效的，这是因为当频率偏差较大和关闭偏置门电压 $\eta=0$ 时，方程（2.13）中两个机械振子之间的分束器相互作用 $-\hbar\lambda[\mathrm{e}^{-i(\omega_{m_1}-\omega_{m_2})t}b_1b_2^\dagger+\mathrm{e}^{i(\omega_{m_1}-\omega_{m_2})t}b_1^\dagger b_2]$ 也成为高频振荡项，因此不可能将机械振子 b_2 冷却到基态。这一节将讨论大失谐的两个机械振子基态冷却的提高。

当施加频率调制并打开作用在机械振子 b_2 上的偏置门电压开关时，公式（2.13）中的哈密顿量进一步简化为

$$H_{\text{int}} = -\left\{\hbar G\left[\sum_{k=-\infty}^{\infty} J_k(\xi)\mathrm{e}^{-2i\omega_{m1}t}\mathrm{e}^{-ik\nu t}ab_1 + ab_1^+\right] - \hbar G\sum_{k=-\infty}^{\infty} J_k(\xi)(\mathrm{e}^{-2i\omega_{m1}t} + \mathrm{e}^{-2i\omega_{m2}t}) \times\mathrm{e}^{-ik\nu t}b_1b_2 - \hbar \mathcal{G}[1+\mathrm{e}^{-2i(\omega_{m1}-\omega_{m2})t}]b_1b_2^+\right\} + \text{H.c.} \tag{2.39}$$

从上式可以看到，既包含了高频振荡的分束器相互作用，也出现了通过电压调制共振分束器相互作用，这为第二个机械振子 b_2 的基态冷却提供了可能。下面将从强耦合机制和不可分辨边带机制的角度，分别讨论大失谐双机械振子的基态冷却。

2.5.1　强耦合机制下基态冷却

图 2-8 展示了大失谐机械频率 $\omega_{m_1} = \omega_m$ 和 $\omega_{m_2} = 20\omega_m$ 情况下无任何调制时，系统在 $G-\mathcal{G}$ 平面的稳定性相图。跟相同机械频率的图 2-2 相比，沿着机械耦合 $\mathcal{G}$ 轴的方向系统稳定区域扩大了。

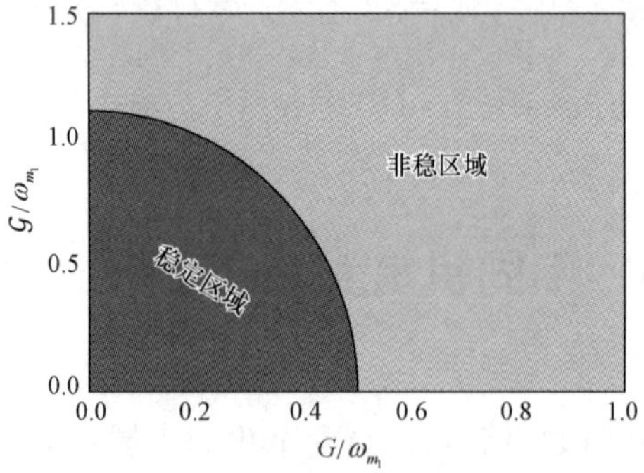

图 2-8　当无任何调制（$\xi=\eta=0$）时，在 G-$\mathcal{G}$平面由公式（2.9）中的哈密顿量 H_{lin} 确定的大失谐机械频率情况下系统稳定性相图。

在稳态参数机制下，图 2-9 展示了施加调制和未施加调制时，不同光力耦合强度下两机械振子的冷却动力学。从图 2-9（a）中看到，在强耦合

机制下机械振子 b_1 的基态冷却被极大地提高。类似于图 2-4（a），随着光力耦合 G 的增加，提高程度也越来越明显。如图 2-9（b）中的圆圈线所示，当未施加任何调制时，由于对大失谐频率 $\omega_{m_2}=20\omega_{m_1}$ 两个机械振子之间的分束器相互作用 $-\hbar\lambda[\mathrm{e}^{-i(\omega_{m_1}-\omega_{m_2})t}b_1b_2^\dagger+\mathrm{e}^{i(\omega_{m_1}-\omega_{m_2})t}b_1^\dagger b_2]$ 和双模压缩相互作用 $-\hbar\lambda[\mathrm{e}^{-i(\omega_{m_1}+\omega_{m_2})t}b_1b_2+\mathrm{e}^{i(\omega_{m_1}+\omega_{m_2})t}b_1^\dagger b_2^\dagger]$ 都是高频振荡项，机械振子 b_2 不可能被冷却，所以在整个演化过程中一直与热库处于热平衡状态。如图 2-9（b）中的加号线所示，一旦将调制技术应用到系统中，虽然机械振子 b_2 的频率远大于机械振子 b_1 的频率，但机械振子 b_2 依然可以在稳态机制下成功地冷却到基态。从整个图 2-9 中可以清晰地发现，利用频率调制和电压调制两个大失谐的机械振子都能很好地冷却到基态。

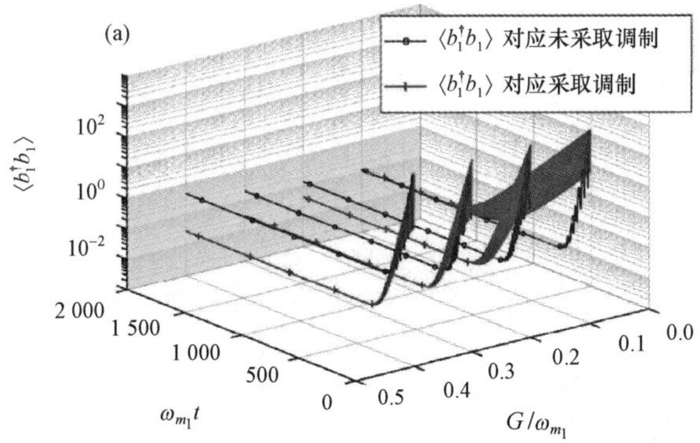

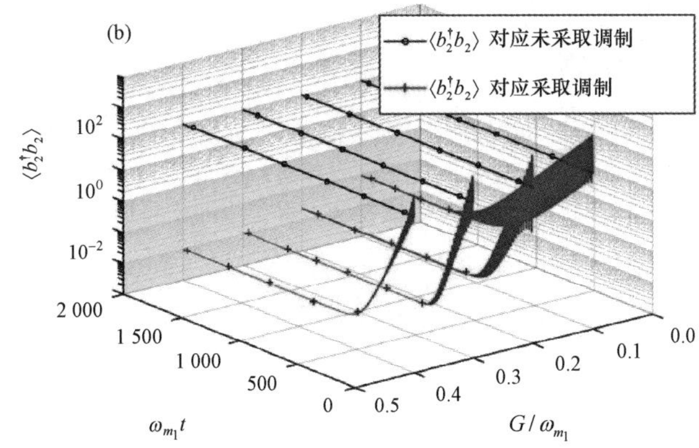

图 2-9　平均声子数的时间演化。（a）施加和未施加频率调制时不同光力耦合强度 G 下，机械振子 b_1 的平均声子数时间演化，（b）施加和未施加频率调制时不同光力耦合强度 G 下，机械振子 b_2 的平均声子数时间演化。

除了上述模拟验证冷却的提高之外，也能从能级结构来阐述背后的物理机制。图 2-10（a）展示了利用调制提高机械振子 b_1 的能级结构图，它与图 2-5（a）的情形很类似，这里不再赘述。不同于图 2-5（b）中相同机械频率的情形，当执行频率调制和电压调制时，如图 2-10（b）所示，原来能级 $|n_a,n_{b_1},n_{b_2}-1\rangle$ 和 $|n_a,n_{b_1},n_{b_2}+1\rangle$ 将分别劈裂成子能级 $|\mathcal{N}_1\rangle$ 和 $|\mathcal{N}_2\rangle$，$|N_1\rangle$ 和 $|N_2\rangle$。明显地，跃迁 $|n_a,n_{b_1}-1,n_{b_2}\rangle\leftrightarrow|N_1\rangle$ 和 $|n_a,n_{b_1}-1,n_{b_2}\rangle\leftrightarrow|N_2\rangle$ 分别是失谐量为 $2\omega_{m_1}+k\nu$ 和 $2\omega_{m_2}+k\nu$ 的大失谐跃迁，这成功地抑制了机械振子 b_1 和 b_2 之间的双模压缩相互作用。跃迁 $|n_a,n_{b_1}-1,n_{b_2}\rangle\leftrightarrow|\mathcal{N}_2\rangle$ 是失谐量为 $2|\omega_{m_1}-\omega_{m_2}|$ 的大失谐跃迁，但是 $|n_a,n_{b_1}-1,n_{b_2}\rangle\leftrightarrow|\mathcal{N}_1\rangle$ 是共振的，这有效地维持了两个机械振子间的分束器相互作用。因此，跃迁通道保证了大失谐的机械振子 b_1 和 b_2 的基态冷却。如图 2-9 中的加号线所示，在此跃迁通道的重复作用下，两个机械振子在长时间极限下都被冷却到了基态。

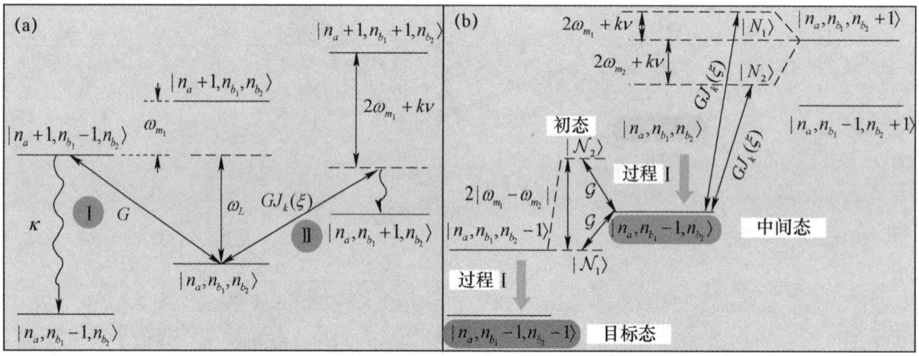

图 2-10　双模压缩相互作用抑制的能级示意图。(a)光力耦合中双模压缩相互作用的抑制，深灰色箭头标记的过程 I 对应着反斯托克斯冷却动力学而浅灰色箭头标记的过程 II 是斯托克斯加热动力学，(b）机械耦合中双模压缩相互作用的抑制。

2.5.2　不可分辨边带机制下基态冷却

除了光力耦合强度 G，腔的耗散率 κ 也是影响机械振子冷却的另一个重要因素。图 2-11 展示了施加和未施加调制时，不同腔衰减率 κ 情形下大失谐机械振子的冷却动力学。如图 2-11 中圆圈线所示，当未施加调制时，机械振

子 b_1 仅能在小的腔衰减下被冷却到基态，随着腔衰减率的增加，基态冷却行为逐渐消失。对于机械振子 b_2，由于无调制时与机械振子 b_1 完全解耦，它与热库环境总处于热平衡状态，声子数布局正是热声子布局数。一旦引入调制时，如图 2-11 中的加号线所示，尽管系统处在不可分辨边带机制下而且两个机械振子的频率还处于大失谐，b_1 和 b_2 都能同时被冷却到基态。

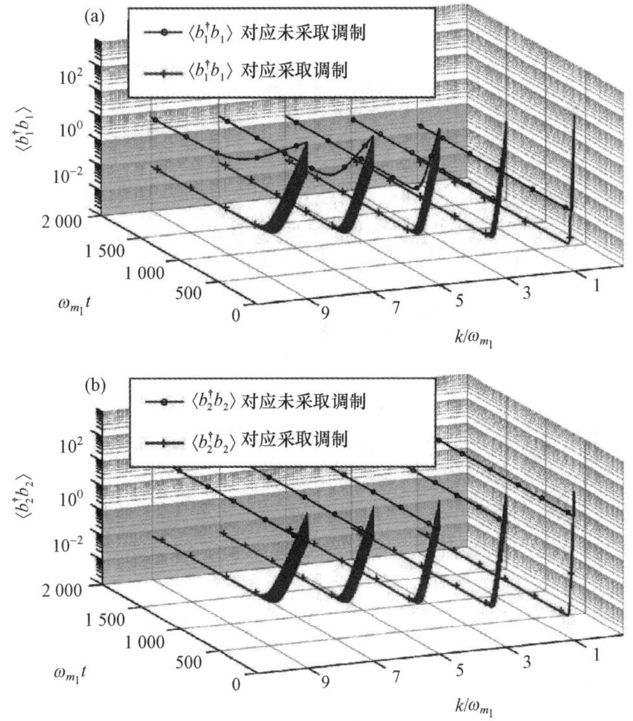

图 2-11　平均声子数的时间演化。(a) 施加和未施加频率调制时不同腔衰减率 κ 下，机械振 b_1 的平均声子数时间演化，(b) 施加和未施加频率调制时不同腔衰减率 κ 下，机械振子 b_2 的平均声子数时间演化。

为同时研究光力耦合和腔衰减对于冷却提高的影响，图 2-12 展示了施加调制和未施加调制时稳态平均声子数 $\langle b_j^\dagger b_j\rangle$ 随着 G 和 κ 的变化趋势。如图 2-12 所示，施加调制时两个机械振子不仅在传统稳定区域被冷却到了更低的平均声子数，而且在传统的非稳区也被成功地冷却到了基态。

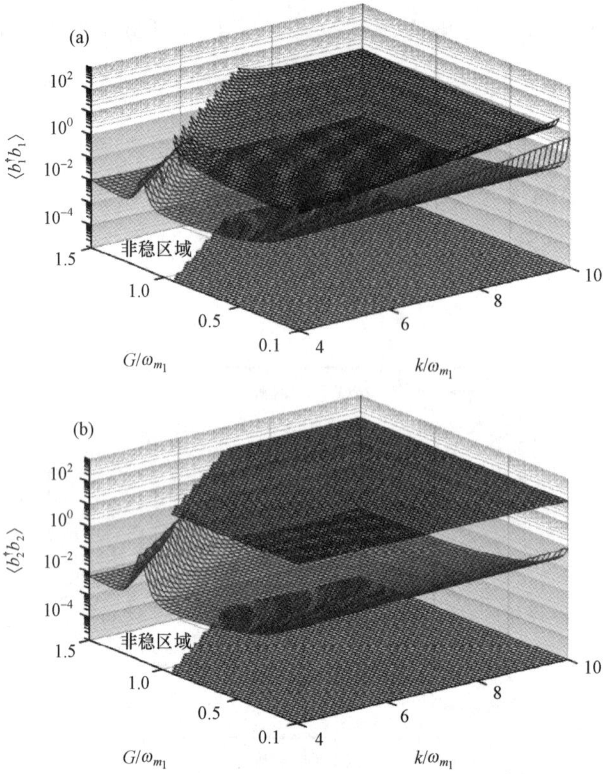

图 2-12　稳态平均声子数作为光力耦合强度 G 和腔衰减率 κ 的函数，其中上中下网格面分别代表无调制平均声子数，有调制平均声子数，和无调制时系统稳定性相图。（a）机械振子 b_1 的稳态平均声子数，（b）机械振子 b_2 的稳态平均声子数。

本小节的上述讨论中当 $\omega_{m_2}=20\omega_{m_1}$ ，为了验证对其他大失谐频率比该方案的可行性，图 2-13 展示了机械频率比分别为 10、30、50、70、90 时平均声子数 $\langle b_j^\dagger b_j \rangle$ （ $j=1,2$ ）的时间演化。如图 2-13（a）中的圆圈线所示，当未施加调制时，虽然平均声子数 $\langle b_1^\dagger b_1 \rangle$ 从初始值 10^3 显著地降低，但由于系统处于 $\kappa=6\omega_{m_1}$ 的不可分辨边带机制，在稳态机制下 $\langle b_1^\dagger b_1 \rangle>1$，故机械振子 b_1 的基态冷却仍然是失败的。由于未施加调制时，机械振子 b_2 与热库环境处于热平衡状态，如图 2-13（b）所示，无论机械频率比 $\omega_{m_2}/\omega_{m_1}$ 是多少，平均声子数 $\langle b_2^\dagger b_2 \rangle$ 在整个演化过程中一直维持着初始的热声子布局数。然而，如果将调制引入系统，即使光力腔处于 $\kappa=6\omega_{m_1}$ 的不可分辨边带机制，如图 2-13 中的加号线所示，无论机械频率的比值是多少，机械振子 b_1 和 b_2 都被成功地冷却到了基态。

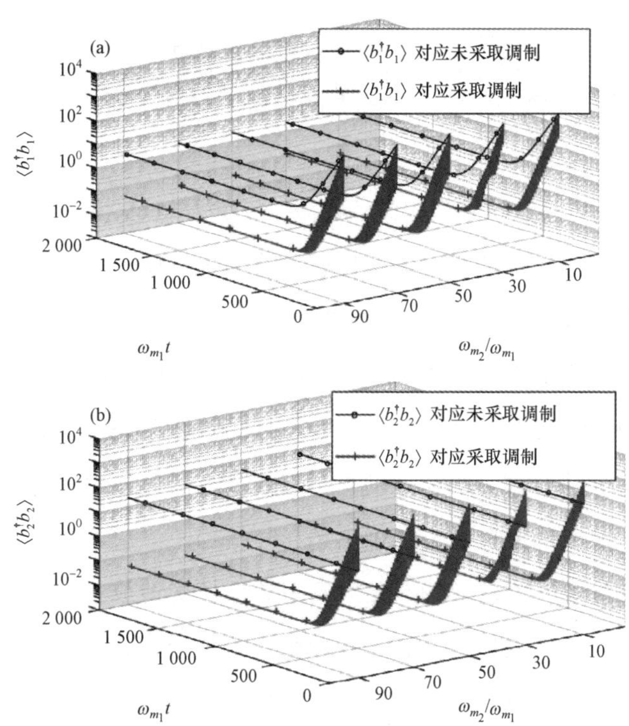

图 2-13　平均声子数的时间演化。(a) 施加和未施加频率调制时不同机械频率比 $\omega_{m_2}/\omega_{m_1}$ 下，机械振子 b_1 的平均声子数时间演化，(b) 施加和未施加频率调制时不同 $\omega_{m_2}/\omega_{m_1}$ 下，机械振 b_2 的平均声子数时间演化。

基于图 2-1 所示的未施加任何调制的复合三模腔光力系统，许多有趣的物理现象已经被研究，例如光力诱导透明[79,80,89,90]、可关闭光学放大和可调节群延迟[81]、光机纠缠[91]、机械-机械纠缠[92]。此外，方案中所采用的频率调制方法已经广泛应用在操控玻色量子系统的反旋波相互作用[93,94]、标准光力系统中机械模的冷却[95,96]、Duffing 非线性光力系统的机械模压缩[97]。与此同时，正如文献［2，98，99］所指出的，由于系统参数的灵活调节性和实验操控的便捷可控性，超导电路系统具有很大的潜力来实现和观测光力学中的量子效应[17,39,100,101]。目前基于一个超导量子比特链系统[102,103]，公式（2.8）中的调制形式已在实验中成功实现。

另一方面，电容耦合于一个超导腔的石墨烯薄膜偏置门电压机械调制已经在实验中实现[104-107]，这提供了另外一种可供选择的动力学调制机械模的技术方法。另外，通过使用基于一对砷化镓机械振子的压电传感器[108]或两个机械振子之间的静电力[109,110]，两个机械振子之间的机械-机械耦合也在实验中实现。

当前，石墨烯被认为是研究微纳机械振子量子动力学行为的最佳材料[111]，这是因为基于石墨烯层的机械振子拥有显著的优越性，例如超低质量、高品质因子、宽泛可调的共振频率等。如图 2-14 所示，通过将文献［105］中的单层石墨烯振子推广成双层石墨烯振子，即可设计出能够映射为方案中复合三模光力系统的实验装置。根据文献［105］中介绍的制备工艺，首先，需要将石墨烯薄片从大的石墨烯晶体中剥离至硅芯片上。其次，通过离子铣削和离子蚀刻技术，从厚的溅射铌中雕刻出超导腔结构。最后，利用聚甲基丙烯酸甲酯支撑转移技术，将剥离的高品质石墨烯层精确地放置在事先雕刻的超导腔上，并且通过夹紧支撑电极和交联聚甲基丙烯酸甲酯结构之间的石墨烯薄片，减少石墨烯薄膜与腔的距离。最后，如图 2-14 所示，利用相同的聚甲基丙烯酸甲酯支撑转移技术，将第二个石墨烯薄膜放置在第一个之上，至此双层石墨烯薄膜机械振子超导光力系统被有效地构建。耦合于第一层石墨烯薄膜振子的超导腔的频率调制可以通过调节超导系统的磁通量实现[98]，而双层石墨烯薄膜振子的频率调制可以通过改变石墨烯薄片的栅极电压实现[104,105]。

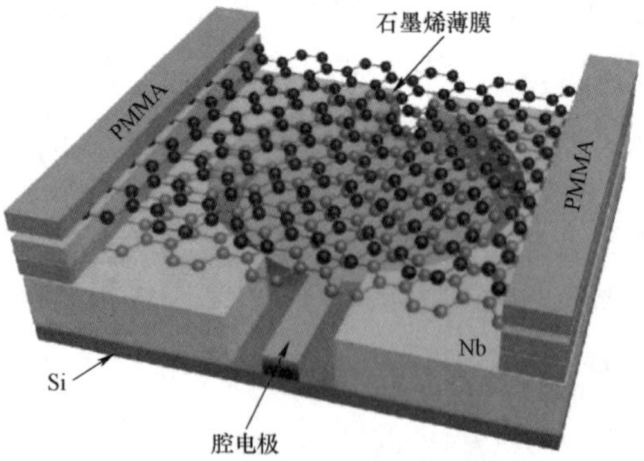

图 2-14　双层石墨烯机械振子超导光力系统示意图
（PMMA 是聚甲基丙烯酸甲酯）

需要强调的是，将两个大失谐的机械振子同时冷却到基态的方案中，如果同时作用在系统上的频率调制和电压调制技术精确执行起来有一定困难时，可以将频率调制关闭，这将极大降低实验的复杂度。与两类调制的冷却结果相比，尽管单一的电压调制冷却结果平均声子数较高，但仍然是有效的。图 2-15 中展示了仅施加电压调制和同时施加频率与电压调制时，两个 $\omega_{m_2}=100\omega_{m_1}$ 的大失谐机械振子平均声子数时间演化。从图中可以清楚地发现，尽管单一电压调制的冷却结果没有两类调制同时施加时优越，但在稳态机制下基态冷却区域依然有平均声子数 $\langle b_j^\dagger b_j\rangle \ll 1$（$j=1,2$）。与此同时，作用在机械振子上的含时偏置门电压调制已经在实验上实现[87]。因此，电压调制在实验中是容易施加的，该双振子冷却方案在实验上是可行的。

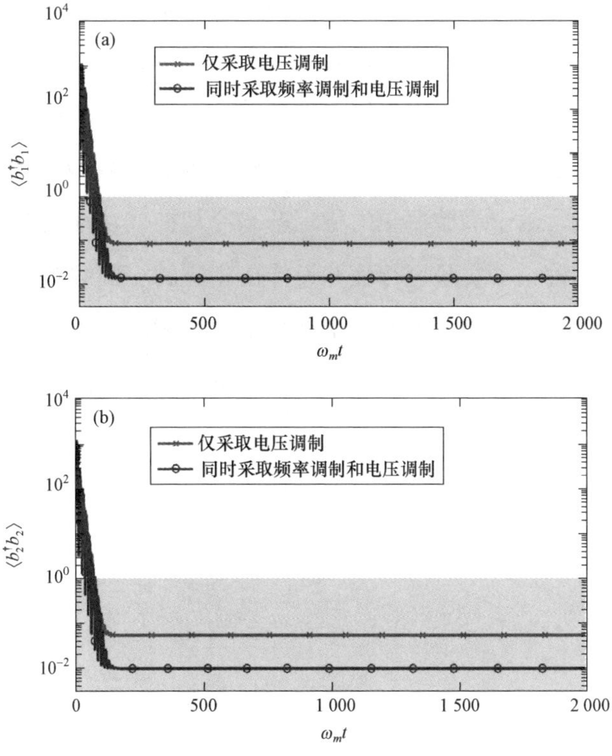

图 2-15　仅施加电压调制和同时施加频率与电压调制的平均声子数时间演化。(a) 机械振子 b_1 的平均声子数时间演化，(b) 机械振子 b_2 的平均声子数时间演化。

2.6 本章小结

本章介绍了在一个复合的三模光力系统中，两个耦合机械振子基态冷却的提高问题。无论对于同频机械振子还是大失谐机械振子，通过引入作用在腔场和机械模上的频率调制，以及安装在第二个机械振子上的偏置门电压调制开关，与未施加任何调制相比，两个机械振子能够更好地冷却到基态。通过借助能级图，详细分析了提高冷却背后的物理机制并且通过数值模拟，进一步验证了冷却提高的结果。与之前无调制的方案相比，本章提出的方案能够从弱耦合到强耦合，可分辨边带机制到不可分辨边带机制的更广泛参数区域实现双振子冷却，并且展示出更理想的冷却结果。对于同频机械振子，稳态平均声子数成功打破了未施加调制时定义的量子反作用极限。而对于大失谐机械振子，需要打开偏置门电压调制开关，并建立两个机械振子之间的分束器相互作用通道，这确保了第二个机械振子成功地被冷却到基态。特别地，在传统非稳区域，两个机械振子的稳定基态冷却被成功地实现。最后，基于石墨烯薄膜振子讨论了实验可行性并设计出相应的实验装置系统。本章提出的方案为实现利用较少的参数约束条件将多个机械振子冷却到更低的声子占据数提供了一种新颖的方法，在大尺度多模机械系统方面也具有潜在的应用价值。

第 3 章　基于泵浦场振幅调制强机械压缩效应的实现

3.1 引　言

近年来，随着机械振子量子基态冷却的实验实现[17,18,39,112-114]和强光力耦合的实验证实[115,116]等光力学方面的进展，研究光学场或微波场与机械自由度之间可控辐射压相互作用的光力系统，已经成为基础研究和应用科学领域量子操控宏观机械振子的理想平台[2,117]。

特别是量子-经典相变问题的探索[118,119]，宏观尺度上新奇量子效应的发现[120]，以及量子水平敏感度下利用超精密测量技术探测极弱信号[121,122]，这些已经成为在腔光力系统中制备强机械压缩的主要动因。为此，许多探索致力于发展可供选择的制备机械压缩方法和技术[123]。在早期的机械压缩参量放大方案中，类似于应用在光场压缩的参量放大技术，由于受系统稳定性的限制，机械压缩量并不能减小到标准量子极限的一半以下，即所谓的 3 dB 极限[124]。基于腔光力系统，许多制备机械压缩的方案也被提出，例如外部驱动场的调制[40,125,126]，从光学参量放大器到机械振子的压缩转移[127]，以及由机械非马尔可夫热库诱导的 XX -型相互作用[128]。尽管上述方案在一定的条件下都拥有各自的优势，但所实现的机械压缩是比较相对弱的并没有打破 3 dB 极限。因此，为了克服这个压缩极限，其他的一些强机械压缩方案相应地被提出，例如压缩光驱动与压缩转移[129]、平方光力耦合[130]、耗散光力耦合[131,132]和

Duffing 非线性[42,97,133]。此外，还有一些方案介绍了更复杂的技术，例如量子测量[134-136]、量子反馈[137]、辐射压耦合与机械弹簧系数的调制[138]、线性耦合平方耦合与压缩光驱动的组合[139]、同时的线性耦合与非线性耦合和振幅调制驱动场[140]。

事实上，另外一种有效操控量子态的强有力方法是热库操控技术。由于不依赖于系统初态和对环境消相干的鲁棒性等特点，这项技术在实验实现方面有极其显著的优势，已广泛应用于腔量子电动力学[141-145]和腔光力学[41,43,49,146-151]。在文献［146］中，两个机械振子的稳定双模压缩真空态可以通过腔的耗散有效制备。在两个光学模或微波模耦合于一个共同的机械模的三模光力系统中，高度纠缠的腔场通过机械耗散也能被制备[147]。最近，在文献［147］中的理论工作已经在实验上成功地证实，稳定的纠缠微波辐射场被观察到[149]。然而，文献［148］考虑了另外一种不同的情形，两个机械振子独立地耦合于一个共同的腔模，通过操控单个热库，强的机械-机械纠缠被制备。基于这一理论方案，使用热库操控技术，两个机械振子之间稳定的纠缠也已经在实验上实现[49]。将热库操控技术应用于光力系统的典型压缩方案，是利用一对泵浦场双色驱动光学腔或微波场[41]，该方案要求红失谐泵浦场的功率要高于蓝失谐泵浦场。随后，利用基于双色驱动的热库操控技术，一系列实验工作将机械振子操控成量子压缩态[43,150,151]。因此，一个新颖有趣的想法应运而生：上述双色泵浦场驱动方案[41,43,150,151]能否在仅有单色泵浦场的情况下仍然有效？本章将探讨这个有趣的问题。

3.2 系统模型与哈密顿量

受周期调制的光力系统示意图（如图 3-1 所示），一束振幅为 $\varepsilon_L(t)$、频率为 ω_L 的振幅周期调制的外部驱动场施加在一个标准的腔光力系统上。在强驱动机制下，频率为 ω_a、耗散率为 κ 的光学场通过可操控的辐射压效应与频率为 ω_m、阻尼率为 γ_m 的机械振子相互作用。

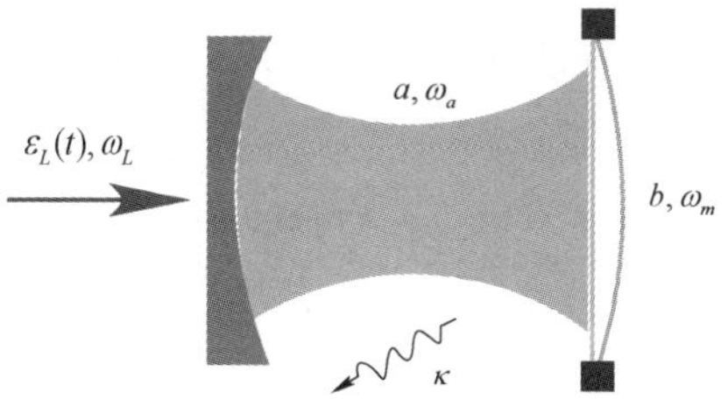

图 3-1　机械压缩光力装置示意图。其中受周期振幅调制的外部激光场驱动的腔场通过可控的辐射压相互作用耦合于机械模。

在激光频率 ω_L 的旋转框架下，系统的哈密顿量可以写为（$\hbar=1$）

$$H=\delta_a a^\dagger a+\omega_m b^\dagger b-g_0(b+b^\dagger)+i[\varepsilon_L(t)\mathrm{e}^{i\varphi}a^\dagger-\varepsilon_L^*(t)\mathrm{e}^{-i\varphi}a] \tag{3.1}$$

这里 $\delta_a=\omega_a-\omega_L$ 是腔场相对于输入激光的频率失谐，$a^\dagger$ ($b^\dagger$) 和 a (b) 分别是腔模（机械模）的产生和湮灭算符，g_0 是单光子光力耦合强度。$\varepsilon_L(t)$ 是外部驱动场的周期调制振幅并且被执行一个 τ 的调制周期，即 $\varepsilon_L(t)=\varepsilon_L(t+\tau)=\sum_{n=-\infty}^{\infty}\varepsilon_n\mathrm{e}^{-in\Omega t}$，其中 $\Omega=2\pi/\tau$ 是调制频率，ε_n 是跟对应的边带功率 P_n 相关的边带调制强度 $\varepsilon_n=\sqrt{2\kappa P_n/(\hbar\omega_L)}$。$\varphi$ 是激光场耦合于腔模 a 的相位[62]。为方便起见，在一般的光力系统中通常设置成 $\varphi=0$ [45,152]。

由于光力系统与环境之间的耦合，系统动力学不可避免地受到腔衰减和机械阻尼的影响。将这些耗散因素考虑在内，控制系统动力学演化的量子朗之万方程为

$$\frac{\mathrm{d}a}{\mathrm{d}t}=-i\delta_a a+ig_0a(b+b^\dagger)+\varepsilon_L(t)-\frac{\kappa}{2}a+\sqrt{\kappa}a_{\mathrm{in}}(t) \tag{3.2a}$$

$$\frac{\mathrm{d}b}{\mathrm{d}t}=-i\omega_m b+ig_0a^\dagger a-\frac{\gamma_m}{2}b+\sqrt{\gamma_m}b_{\mathrm{in}}(t) \tag{3.2b}$$

这里 $a_{\mathrm{in}}(t)$ 和 $b_{\mathrm{in}}(t)$ 分别是零平均腔的真空输入噪声算符和机械热噪声算符。在马尔可夫热库假设下，噪声算符 $a_{\mathrm{in}}(t)$ 和 $b_{\mathrm{in}}(t)$ 的非零关联函数为

$$\langle a_{in}^\dagger(t)a_{in}(t')\rangle=n_a\delta(t-t') \tag{3.3a}$$

$$\langle a_{in}(t)a_{in}^\dagger(t')\rangle=(n_a+1)\delta(t-t') \tag{3.3b}$$

$$\langle b_{in}^\dagger(t)b_{in}(t')\rangle=n_m\delta(t-t') \tag{3.3c}$$

$$\langle b_{in}(t)b_{in}^\dagger(t')\rangle=(n_m+1)\delta(t-t') \tag{3.3d}$$

其中 n_a 和 n_m 分别是腔模热库和机械热库的平均热激发数。

3.3 系统周期动力学

强的外部驱动诱导了腔模和机械模大的振幅，这使得标准的线性化技术能被应用到方程（3.2）中的非线性量子朗之万方程中。为此，将腔模 a 和机械模 b 写成经典平均值与量子涨落算符之和的形式，即 $\mathcal{O} \to \langle \mathcal{O}(t) \rangle + \mathcal{O}(\mathcal{O} = a, b)$。关于 $\langle a(t) \rangle$ 和 $\langle b(t) \rangle$ 的动力学方程组为

$$\frac{\mathrm{d}\langle a(t) \rangle}{\mathrm{d}t} = -i\delta_a \langle a(t) \rangle + ig_0 \langle a(t) \rangle \left[\langle b(t) \rangle + \langle b(t) \rangle^* \right] + \varepsilon_L(t) - \frac{\kappa}{2} \langle a(t) \rangle \tag{3.4a}$$

$$\frac{\mathrm{d}\langle b(t) \rangle}{\mathrm{d}t} = -i\omega_m \langle b(t) \rangle + ig_0 |\langle a(t) \rangle|^2 - \frac{\gamma_m}{2} \langle b(t) \rangle \tag{3.4b}$$

对于量子涨落算符的线性化量子朗之万方程也相应写为

$$\frac{\mathrm{d}a}{\mathrm{d}t} = -i\Delta_a a + ig_0 \langle a(t) \rangle (b + b^\dagger) - \frac{\kappa}{2} a + \sqrt{\kappa} a_{\mathrm{in}}(t) \tag{3.5a}$$

$$\frac{\mathrm{d}b}{\mathrm{d}t} = -i\omega_m b + ig_0 \langle a(t) \rangle^* a + ig_0 \langle a(t) \rangle a^\dagger - \frac{\gamma_m}{2} b + \sqrt{\gamma_m} b_{\mathrm{in}}(t) \tag{3.5b}$$

这里 $\Delta_a = \delta_a - g_0[\langle b(t) \rangle + \langle b(t) \rangle^*]$ 是受机械运动微弱修正的腔场有效失谐。

由于作用在光力腔上外部驱动的周期调制，根据弗洛凯理论，对于当前的线性化动力学系统，腔模振幅 $\langle a(t) \rangle$ 和机械模振幅 $\langle b(t) \rangle$ 在长时间渐进机制下将获得与所执行的外部驱动相同的调制周期，即 $\lim_{t\to\infty} \langle a(t) \rangle = \langle a(t+\tau) \rangle$ 和 $\lim_{t\to\infty} \langle b(t) \rangle = \langle b(t+\tau) \rangle$。

为简单起见和致力于制备机械压缩的系统动力学，仅需要将驱动调制边带截断到 $\mathrm{e}^{\pm i\Omega t}$ 阶，即 $\varepsilon_L(t) = \sum_{n=-1}^{1} \varepsilon_n \mathrm{e}^{-in\Omega t}$。因此，腔模振幅 $\langle a(t) \rangle$ 和机械模振幅 $\langle b(t) \rangle$ 在长时间极限下将拥有与所选择的外部驱动调制结构相同的形式

$$\langle O(t) \rangle = O_{-1} \mathrm{e}^{i\Omega t} + O_0 + O_1 \mathrm{e}^{-i\Omega t} (O = a, b) \tag{3.6}$$

其中 $\mathcal{O}_n$ 是 $n = -1, 0, 1$ 时腔模和机械模的边带振幅。

3.4　机械压缩制备

为了揭示调制边带 $e^{\pm i\Omega t}$ 在机械压缩制备中的重要作用，将方程（3.4）中的 $g_0\langle a(t)\rangle$ 定义成有效光力耦合并将其写为如下形式

$$G(t)=g_0\langle a(t)\rangle=G_{-1}e^{i\Omega t}+G_0+G_1e^{-i\Omega t} \tag{3.7}$$

其中 G_n（$n=-1,0,1$）是与驱动边带组分 ε_L 有关的不含时实数。通过进一步引入慢变涨落算符 $a=\tilde{a}e^{-i\Delta_a t}$，$b=\tilde{b}e^{-i\omega_m t}$，$a_{\text{in}}=\tilde{a}_{\text{in}}e^{-i\Delta_a t}$，$b_{\text{in}}=\tilde{b}_{\text{in}}e^{-i\omega_m t}$，将有效腔失谐设置成反斯托克斯边带 $\Delta_a=\omega_m$ 和外部驱动调制频率 $\Omega=2\omega_m$，并假设有效光力耦合边带是弱的，即 $G_n\ll\omega_m$，则关于算符 $\tilde{a}$ 和 $\tilde{b}$ 的线性化量子朗之万方程可被简化为

$$\dot{\tilde{a}}=-iG_0\tilde{b}+iG_1\tilde{b}^{\dagger}-\frac{\kappa}{2}\tilde{a}+\sqrt{\kappa}\tilde{a}_{\text{in}}(t) \tag{3.8a}$$

$$\dot{\tilde{b}}=-iG_0\tilde{a}+iG_1\tilde{a}^{\dagger}-\frac{\gamma_m}{2}\tilde{b}+\sqrt{\gamma_m}\tilde{b}_{\text{in}}(t) \tag{3.8b}$$

这里快速振荡项 $e^{\pm 2i\omega_m t}$ 和 $e^{\pm 4i\omega_m t}$ 已通过旋波近似安全地忽略，它们的非共振效应将在后续讨论。

为方便起见，通过引入涨落算符的正交分量

$$\delta\tilde{X}_{O=a,b}=(\tilde{O}+\tilde{O}^{\dagger})/\sqrt{2} \tag{3.9a}$$

$$\delta\tilde{Y}_{O=a,b}=(\tilde{O}-\tilde{O}^{\dagger})/\sqrt{2}i \tag{3.9b}$$

以及噪声算符的正交分量

$$\tilde{X}_{O=a,b}^{in}=(\tilde{O}_{in}+\tilde{O}_{in}^{\dagger})/\sqrt{2} \tag{3.10a}$$

$$\tilde{Y}_{O=a,b}^{in}=(\tilde{O}_{in}-\tilde{O}_{in}^{\dagger})/\sqrt{2}i \tag{3.10b}$$

方程（3.8）被表述成如下更简洁的形式

$$\dot{\tilde{\boldsymbol{R}}}(t)=\tilde{\boldsymbol{M}}\tilde{\boldsymbol{R}}(t)+\tilde{\boldsymbol{N}}(t) \tag{3.11}$$

这里涨落算符矢量 $\tilde{\boldsymbol{R}}=[\delta\tilde{X}_a,\delta\tilde{Y}_a,\delta\tilde{X}_b,\delta\tilde{Y}_b]^T$，4×4 的不含时系数矩阵 $\tilde{\boldsymbol{M}}$ 为

$$\tilde{\boldsymbol{M}}=\begin{pmatrix} -\frac{\kappa}{2} & 0 & 0 & -G_- \\ 0 & -\frac{\kappa}{2} & G_+ & 0 \\ 0 & -G_- & -\frac{\gamma_m}{2} & 0 \\ G_+ & 0 & 0 & -\frac{\gamma_m}{2} \end{pmatrix} \tag{3.12}$$

噪声算符矢量 $\tilde{\boldsymbol{N}}$ 被定义为 $\tilde{\boldsymbol{N}}=\left[\sqrt{\kappa}\tilde{X}_a^{\text{in}},\sqrt{\kappa}\tilde{Y}_a^{\text{in}},\sqrt{\gamma_m}\tilde{X}_b^{\text{in}},\sqrt{\gamma_m}\tilde{Y}_b^{\text{in}}\right]^T$，$G_\pm=G_0\pm G_1$。

明显地，完全等价于线性化量子朗之万方程（3.8）的方程（3.11）是一个一阶非齐次常系数微分方程，它的形式解可以写为

$$\tilde{\boldsymbol{R}}(t)=\tilde{\boldsymbol{G}}(t)\tilde{\boldsymbol{R}}(0)+\tilde{\boldsymbol{G}}(t)\int_0^t\tilde{\boldsymbol{G}}^{-1}(\tau)\tilde{\boldsymbol{N}}(\tau)\mathrm{d}\tau \tag{3.13}$$

其中 $\tilde{\boldsymbol{G}}(t)$ 满足 $\dot{\tilde{\boldsymbol{G}}}(t)=\tilde{\boldsymbol{M}}\tilde{\boldsymbol{G}}(t)$，初始条件为 $\tilde{\boldsymbol{G}}(0)=\boldsymbol{I}$，这里 $\boldsymbol{I}$ 是单位矩阵。

对于光力系统的一般机制，引入协方差矩阵研究系统动力学演化是更方便的。为此定义协方差矩阵 $\tilde{\boldsymbol{V}}_{ij}(t)=\langle\tilde{\boldsymbol{R}}_i(t)\tilde{\boldsymbol{R}}_j(t)\rangle$，这里 $i,j=1,2,3,4$。进一步结合方程（3.13），协方差矩阵可以明确表示为

$$\tilde{\boldsymbol{V}}(t)=\tilde{\boldsymbol{G}}(t)\tilde{\boldsymbol{V}}(0)\tilde{\boldsymbol{G}}^T(t)+\tilde{\boldsymbol{G}}(t)\tilde{\boldsymbol{S}}(t)\tilde{\boldsymbol{G}}^T(t) \tag{3.14}$$

其中

$$\tilde{\boldsymbol{S}}(t)=\int_0^t\int_0^t\tilde{\boldsymbol{G}}^{-1}(\tau)\tilde{\boldsymbol{K}}(\tau,\tau')\left[\tilde{\boldsymbol{G}}^{-1}(\tau')\right]^T\mathrm{d}\tau\mathrm{d}\tau' \tag{3.15}$$

这里 $\tilde{\boldsymbol{K}}(\tau,\tau')$ 是双时噪声关联函数，其元素定义为 $\tilde{\boldsymbol{K}}_{ij}(\tau,\tau')=\langle\tilde{\boldsymbol{N}}_i(\tau)\tilde{\boldsymbol{N}}_j(\tau')\rangle$。$\tilde{\boldsymbol{V}}(t)$ 的后两个对角元素 $\tilde{\boldsymbol{V}}_{33}(t)$ 和 $\tilde{\boldsymbol{V}}_{44}(t)$ 分别是机械位置和动量的方差。机械压缩度也可以表示成以分贝为单位 $-10\lg[\tilde{\boldsymbol{V}}_{jj}(t)/0.5](j=3,4)$。在该方案中，系统的初态为腔模 a 处于真空态，而机械模 b 处于热激发数为 n_m 的热态。

根据 Routh-Hurwitz 稳定性判据[88]，当且仅当方程（3.11）中的不含时系数矩阵 $\tilde{\boldsymbol{M}}$ 的所有本征值拥有负的实部时，系统动力学将最终是稳定的。对于当前的参数机制，稳定性条件可以被约化为一个简单的形式 $G_0>G_1$。

3.4.1　无旋波近似的非共振效应

在上述讨论中，快速振荡项的非共振效应已经通过旋波近似被忽略，这种情况下，它们在制备机械压缩中的作用被擦除掉。为了揭示这些忽略掉的高频振荡项的贡献，使用没有波浪线的方式重新定义正交涨落算符，正交噪声算符，以及它们相应的算符矢量，其形式与前面的定义是完全相同，除了系数矩阵 $\boldsymbol{M}(t)$

$$\boldsymbol{M}(t)=\begin{pmatrix} -\frac{\kappa}{2} & \varDelta_a & -\mathrm{Im}[2G(t)] & 0 \\ -\varDelta_a & -\frac{\kappa}{2} & \mathrm{Re}[2G(t)] & 0 \\ 0 & 0 & -\frac{\gamma_m}{2} & \omega_m \\ \mathrm{Re}[2G(t)] & \mathrm{Im}[2G(t)] & -\omega_m & -\frac{\gamma_m}{2} \end{pmatrix} \tag{3.16}$$

这里 Re[⋯] 和 Im[⋯] 分别表示一个复数的实部和虚部。对应地，涨落算符矢量 $\boldsymbol{R}$ 为

$$\boldsymbol{R}(t)=\boldsymbol{G}(t)\boldsymbol{R}(0)+\boldsymbol{G}(t)\int_0^t \boldsymbol{G}^{-1}(\tau)\boldsymbol{N}(\tau)\,\mathrm{d}\tau \tag{3.17}$$

这里 $\boldsymbol{G}(t)$ 满足 $\dot{\boldsymbol{G}}(t)=\boldsymbol{M}(t)\boldsymbol{G}(t)$ 并且初始条件为 $\boldsymbol{G}(0)=\mathbf{I}$ 。

为了清晰地展示正交压缩的动力学，图 3-2 中画出了在调制周期 $[0,100\tau]$ 内，做旋波近似和未做旋波近似的情况下，机械位置和动量涨落算符方差的时间演化。可以清楚地看到，当未使用旋波近似时，机械位置和动量在长时间极限下将会周期地压缩并且压缩周期正好是所执行的外部调制周期 τ 。例如，在调制周期 $[95\tau,100\tau]$ 内，机械位置和动量各被压缩五次。然而，如图 3-2 所示，由于受海森堡不确定原理的约束，机械位置和动量并不能同时被压缩。一旦使用旋波近似擦除了高频振荡项 $\mathrm{e}^{\pm 2i\omega_m t}$ 和 $\mathrm{e}^{\pm 4i\omega_m t}$ 的贡献，位置和动量的 τ 周期性压缩将会转换为位置方向的压缩，而动量方向的压缩将相应地消失。但是在有无旋波近似的两种情况下，整个演化过程中的机械压缩量却是相同的。

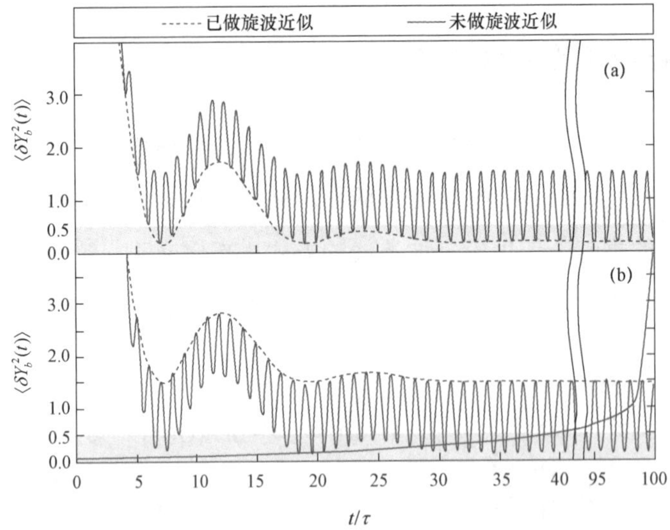

图 3-2　旋波近似和非旋波近似的情况下，机械位置和动量涨落算符方差的时间演化

另一方面，快速振荡项的非共振效应也能在相空间中更直观地展示。为此很有必要引入 Wigner 函数，由于方程（3.5）中系统线性化的动力学和量子噪声的零平均高斯特性，这确保了系统的稳定量子态是高斯态[45,153]。因此，只要获得系统协方差矩阵，机械模的 Wigner 函数就可以表示成[54]

$$\boldsymbol{W}(\boldsymbol{D})=\frac{1}{2\pi\sqrt{\mathrm{Det}[\boldsymbol{V}_b]}}\exp\left\{-\frac{1}{2}\boldsymbol{D}^T\boldsymbol{V}_b^{-1}\boldsymbol{D}\right\} \tag{3.18}$$

其中 $\boldsymbol{D}$ 是二维矢量 $\boldsymbol{D}=[X_b,Y_b]^T$，$\boldsymbol{V}_b$ 是机械模的协方差矩阵。

图 3-3 进一步展示了做旋波近似和未做旋波近似的情况下，长时间调制周期 $[99\tau,100\tau]$ 内，每间隔四分之一个周期机械模的 Wigner 函数。从图 3-3 中可以观察到，在快速振荡项非共振效应的作用下，正交压缩的方向在相空间中连续地旋转并且旋转周期正好对应着调制周期 τ，这是由于所执行的外部驱动是 τ 周期的 $\varepsilon_L(t)=\varepsilon_L(t+\tau)$，根据弗洛凯理论，在长时间极限下系统的协方差矩阵将获得与外部调制相同的周期性 $\tilde{\boldsymbol{V}}(t)=\tilde{\boldsymbol{V}}(t+\tau)$[125,155]。因此，从方程（3.18）中可以推断出机械模的 Wigner 函数 $\boldsymbol{W}$ 将满足 $\boldsymbol{W}(\delta X_b,\delta Y_b,t)=\boldsymbol{W}(\delta X_b,\delta Y_b,t+\tau)$。然而，当高频振荡项通过旋波近似被省略掉之后，不同时刻 Wigner 函数的旋转效应将消失，它们均沿着水平轴收缩，并沿着竖直轴拉伸，这清晰地展示了在位

置方向上的机械压缩现象。纵观图 3-3 中做旋波近似和未做旋波近似的所有 Wigner 函数图像还可以发现，它们的形状是固定的，这再次表明了两种情况下几乎相同的机械压缩度。因为在参数集合(G_{-1},G_0,G_1)中，G_0是最大的，因此在忽略掉的高频振荡项中，斯托克斯散射过程$G_0\mathrm{e}^{-2i\omega_m t}ab+G_0\mathrm{e}^{2i\omega_m t}a^\dagger b^\dagger$是最接近共振的。在机械热库$n_m=10$的低激发下，由最接近共振的斯托克斯散射过程诱导的量子反作用效应对机械模的影响是极其微弱的，所以这些由旋波近似忽略掉的高频振荡项对 Wigner 函数的形状贡献是不显著的。

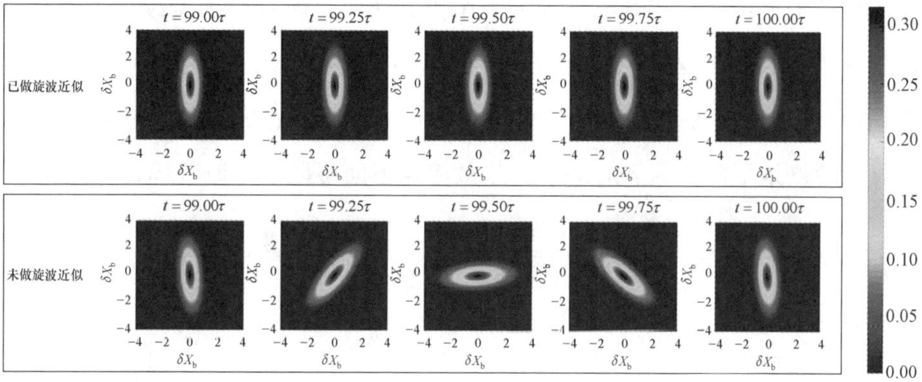

图 3-3 旋波近似和非旋波近似的情况下，在一些特定的时刻机械模的 Wigner 函数

在当前的压缩方案中，如果保持G_0固定而G_1施加一个 π 相位，即$G_1=|G_1|\mathrm{e}^{i\pi}$，图 3-2 中的机械位置和动量的正交压缩在长时间极限下将会翻转。旋波近似的使用将导致动量方向的压缩，位置方向的压缩则相应地消失。

3.4.2 两种相反趋势的竞争效应

这一小节通过腔模耗散的角度进一步展示对机械压缩制备的理解。引入波戈留波夫模$\beta=\cosh r\tilde{b}+\sinh r\tilde{b}^\dagger$，这里$\tanh r=G_1/G_0$，则方程（3.8）中的量子朗之万方程变换为

$$\dot{\tilde{a}}=-\frac{\kappa}{2}\tilde{a}+i\mathcal{G}\beta+\sqrt{\kappa}\tilde{a}_{\mathrm{in}}(t) \tag{3.19a}$$

$$\dot{\beta}=i\mathcal{G}\tilde{a}-\frac{\gamma_m}{2}\beta+\sqrt{\gamma_m}\beta_{\mathrm{in}}(t) \tag{3.19b}$$

其中 $\mathcal{G}=\sqrt{G_0^2-G_1^2}$ 是波戈留波夫模与腔模之间的有效耦合，$\beta_{\text{in}}(t)=\cosh r\tilde{b}_{\text{in}}(t)+\sinh r\tilde{b}_{\text{in}}^{\dagger}(t)$ 是对应于波戈留波夫模的有效噪声。

如图 3-4 所示，在不同的平均热库声子数下，机械模的位置方差 $\langle\delta\tilde{X}_b^2\rangle$ 以及波戈留波夫模 β 的占据数 $\langle\beta^{\dagger}\beta\rangle$ 随着有效光力耦合边带比率 G_1/G_0 的变化趋势被画出。可以发现，在 $n_m=10$ 和 $n_m=100$ 两种情况下，随着 G_1 逐渐增加至一个临界值，$\langle\delta\tilde{X}_b^2\rangle$ 是 G_1/G_0 的一个单调递增函数，机械压缩变得越来越强。在对应的 G_1/G_0 的范围内，波戈留波夫模的占据数 $\langle\beta^{\dagger}\beta\rangle$ 增加但很缓慢，并且波戈留波夫模仍然处在基态冷却的范围内。然而，随着 G_1 的继续增加一旦超越了这个临界值，$\langle\delta\tilde{X}_b^2\rangle$ 迅速地下降，但与此截然相反，$\langle\beta^{\dagger}\beta\rangle$ 迅速地增加。从图中可以清晰地看到，对于这个特定的 G_1/G_0，$\langle\delta\tilde{X}_b^2\rangle$ 取最大值但 $\langle\beta^{\dagger}\beta\rangle$ 同时开始急剧地下降，这一有趣的竞争效应从下面可以很好地理解。

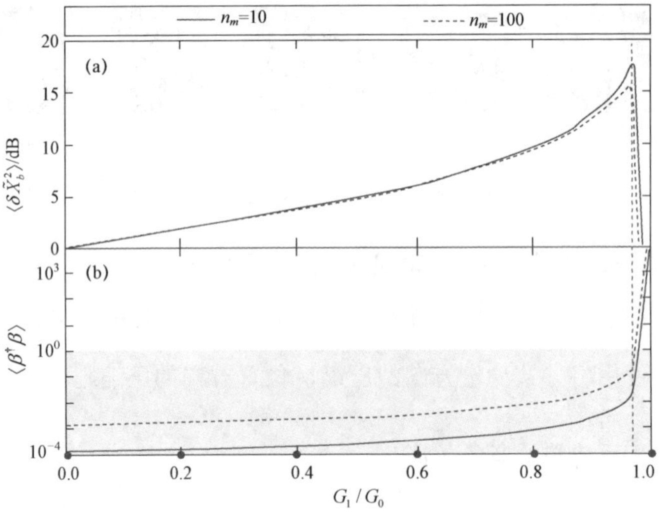

图 3-4　有效光力耦合 G 的边带强度比率 G_1/G_0 对系统动力学的影响。(a) 机械模 b 的位置方差 $\langle\delta\tilde{X}_b^2\rangle$ 随着 G_1/G_0 的变化，(b) 波戈留波夫模 β 的布局数 $\langle\beta^{\dagger}\beta\rangle$ 随着 G_1/G_0 的变化。

根据方程（3.19)，系统的哈密顿量可以表示成波戈留波夫模的形式

$$\mathcal{H}=-\mathcal{G}(\tilde{a}\beta^{\dagger}+\text{H.c.}) \tag{3.20}$$

这清楚地表明，腔模 $\tilde{a}$ 和波戈留波夫模 β 通过分束器型哈密顿量耦合，这

一耦合方式通常应用于机械模的光力边带冷却方案中[35,71,156]。因此，波戈留波夫模 β 通过与腔模 $\tilde{a}$ 的相互作用可以被冷却到基态。对于固定的 G_0，随着 G_1 的增加，压缩参数 $r=\operatorname{arctanh}[G_1/G_0]$ 将会相应地增加。因此，如图 3-4（a）中所示，机械模被压缩得越来越强。另外，随着 G_1 的继续增加，对于固定的 G_0，腔模与波戈留波夫模之间的有效耦合 $\mathcal{G}=\sqrt{G_0^2-G_1^2}$ 将会减小并最终消失，这反过来越来越显著地抑制了波戈留波夫模的基态冷却。因此，如图 3-4（b）所示，占据数 $\langle\beta^\dagger\beta\rangle$ 刚开始缓慢地上升但后来迅速地增加。一旦波戈留波夫模 β 不能冷却至基态，机械热噪声的不利影响将扮演一个主导性角色，这导致机械模压缩度迅速地降低并最终消失。所以，对于一个固定的 G_0，最强的机械压缩正好是两种相反趋势竞争的平衡结果。上述有趣的现象再次证明了揭示机械模的宏观量子效应的先决条件是将其冷却这一事实。

3.4.3　有效光力耦合边带强度的最优比率

正如图 3-4 中阐述的，对于一个固定的 G_0 将有一个特定的 G_1 确保机械压缩达到最大化。如果 G_1 是相对小的，由于压缩参数 r 比较小此时机械压缩是弱的。然而，当 G_1 太大时，腔模冷却波戈留波夫模的能力却被极大地限制。因此，为了制备强的机械压缩，对于一个恰当范围内的 G_0 很有必要最优化比率 G_1/G_0。

图 3-5（a）展示了不同平均热声子数下，数值最优化的机械位置方差 $\langle\delta\tilde{X}_b^2\rangle$ 随着 G_0 的变化情况。与此同时，对于每一个 G_0，对应的最大化平衡了压缩与冷却之间竞争效应的最优比率 G_1/G_0 也在图 3-5（b）中画出。从图 3-5（a）中可以看出，由于机械热噪声的不利影响，最优化的 $\langle\delta\tilde{X}_b^2\rangle$ 对机械热库平均热布局数有一个逆的依赖关系。另外，随着 G_0 的增加，对于一个特定的 G_1/G_0，耦合 $\mathcal{G}=\sqrt{G_0^2-G_1^2}=G_0\sqrt{1-(G_1/G_0)^2}$ 将会相应地增强。因此，由腔模执行的冷却能力是更加强有力的，正如图 3-5（b）所示，这意味着最优比率 G_1/G_0 的趋势将越来越接近于 1 但不能等于 1，它反过来也暗含着图 3-5（a）中更强的

机械压缩。

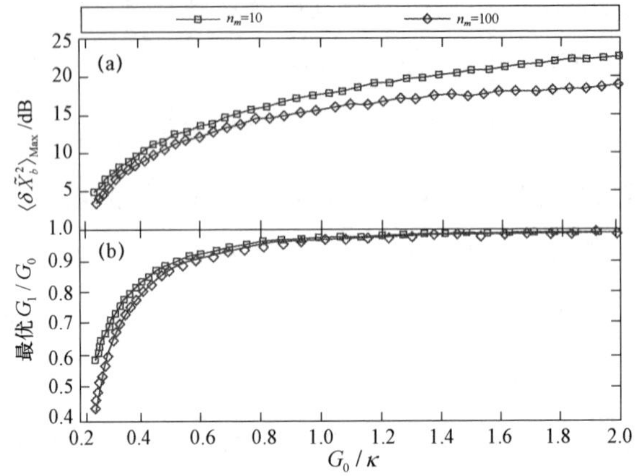

图 3-5　系统参数的最优化：（a）不同平均热声子数下，机械模最优化位置方差 $\langle\delta\tilde{X}_b^2\rangle$ 随着 G_0 的变化，（b）不同平均热声子数下，最优化比率 G_1/G_0 随着 G_0 的变化。

此外，众所周知，波戈留波夫模 β 的基态冷却不仅依赖于腔模和波戈留波夫模之间的耦合强度 $\mathcal{G}$，也跟腔模自身的耗散率紧密相关。为了清晰地展示腔模耗散率对机械压缩的影响，图 3-6 画出了在不同腔模耗散率下，机械模最优化位置方差 $\langle\delta\tilde{X}_b^2\rangle$ 随着系统协同性 $\mathcal{C}=4G_0^2/(\kappa\gamma_m)$ 的变化。可以发现，强的机械压缩可以在大的系统协同性极限下有效制备。另一方面，也注意到适当地增加腔模耗散有助于强机械压缩的制备。

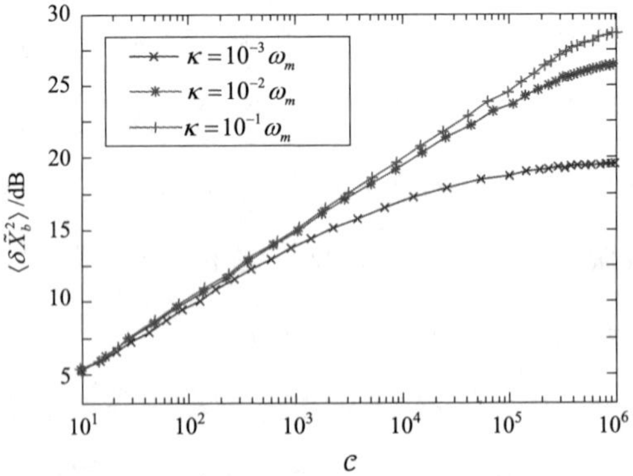

图 3-6　不同腔模耗散率下，机械模最优化位置方差 $\langle\delta\tilde{X}_b^2\rangle$ 随着系统协同性 $\mathcal{C}$ 的变化

3.5　稳态机械压缩解析解

在目前的方案中，尽管使用了含时调制的输入场驱动光力系统，但如上节所示，通过旋波近似，含时系统动力学可以成功地转换为不含时系统动力学。基于旋波近似之后不含时的有效系统动力学，只要绝热近似的条件被满足，即腔模耗散率 κ 远大于腔模 $\tilde{a}$ 和波戈留波夫模 β 之间的有效耦合 $\mathcal{G}$，腔模 $\tilde{a}$ 仍然能够从系统动力学中绝热地消除掉[127]。在这一节，为了更好地理解机械压缩效应和获得明确的最优比率 G_1/G_0，将在稳态机制下解析地求解机械模位置方差。从方程（3.19）可以得到

$$\tilde{a} \simeq \frac{2i\mathcal{G}}{\kappa}\beta + \frac{2}{\sqrt{\kappa}}\tilde{a}_{\text{in}}(t) \tag{3.21}$$

并代入方程（3.19）有

$$\dot{\beta} \simeq -h\beta + \frac{2i\mathcal{G}}{\sqrt{\kappa}}\tilde{a}_{\text{in}}(t) + \sqrt{\gamma_m}\beta_{\text{in}}(t) \tag{3.22}$$

这里 $h = 2\mathcal{G}^2/\kappa + \gamma_m/2$。从方程（3.22）中可以得到波戈留波夫模的位置涨落算符 δQ_β 的动力学方程为

$$\delta\dot{Q}_\beta = -h\delta Q_\beta + \mathcal{F}_1(t) + \mathcal{F}_2(t) \tag{3.23}$$

其中

$$\mathcal{F}_1(t) = -\frac{2\mathcal{G}}{\sqrt{\kappa}}\tilde{Y}_a^{\text{in}}(t) \tag{3.24a}$$

$$\mathcal{F}_2(t) = \sqrt{\frac{\gamma_m}{2}}[\beta_{\text{in}}(t) + \beta_{\text{in}}^\dagger(t)] \tag{3.24b}$$

是作用在波戈留波夫模上的有效朗之万力，它们的关联函数为

$$\langle \mathcal{F}_1(t)\mathcal{F}_1(t')\rangle = \frac{4\mathcal{G}^2}{\kappa}\left(n_a + \frac{1}{2}\right)\delta(t-t') \tag{3.25a}$$

$$\langle \mathcal{F}_2(t)\mathcal{F}_2(t')\rangle = \gamma_m e^{2r}\left(n_m + \frac{1}{2}\right)\delta(t-t') \tag{3.25b}$$

根据方程（3.23）和方程（3.25），$\langle \delta Q_\beta^2\rangle$ 的动力学方程为

$$\frac{\mathrm{d}}{\mathrm{d}t}\langle\delta Q_\beta^2\rangle = -2h\langle\delta Q_\beta^2\rangle + \frac{4\mathcal{G}^2}{\kappa}\left(n_a+\frac{1}{2}\right) + \gamma_m \mathrm{e}^{2r}\left(n_m+\frac{1}{2}\right) \tag{3.26}$$

因此，在稳态机制下，$\langle\delta Q_\beta^2\rangle$ 的解析解是

$$\langle\delta Q_\beta^2\rangle_\mathrm{s} = \frac{2\mathcal{G}^2}{h\kappa}\left(n_a+\frac{1}{2}\right) + \frac{\gamma_m}{2h}\mathrm{e}^{2r}\left(n_m+\frac{1}{2}\right) \tag{3.27}$$

相应地，机械模的稳态位置方差解析解可以求解得到

$$\langle\delta \tilde{X}_b^2\rangle_\mathrm{s} = \mathrm{e}^{-2r}\langle\delta Q_\beta^2\rangle_\mathrm{s} = \frac{2\mathcal{G}^2}{h\kappa}\mathrm{e}^{-2r}\left(n_a+\frac{1}{2}\right) + \frac{\gamma_m}{2h}\left(n_m+\frac{1}{2}\right) \tag{3.28}$$

考虑两种极限，当 $G_1\to 0$，有 $\mathcal{G}\to G_0$，$r=\mathrm{arctanh}G_1/G_0\to 0$，$h\to 2G_0^2/\kappa+\gamma_m/2\simeq 2G_0^2/\kappa$。因此

$$\lim_{G_1\to 0}\langle\delta \tilde{X}_b^2\rangle_\mathrm{s} = \left(n_a+\frac{1}{2}\right) + \frac{\kappa\gamma_m}{4G_0^2}\left(n_m+\frac{1}{2}\right) \tag{3.29}$$

在高频光学热库条件 $n_a=0$ 和大的系统协同性下，$\lim_{G_1\to 0}\langle\delta \tilde{X}_b^2\rangle \simeq \frac{1}{2}$（0 dB），这表明机械模近似地处于真空态，它是跟图 3-4（a）中 $G_1\to 0$ 的情形是高度吻合的。明显地，对于 $G_1\to G_0$，有 $\mathcal{G}\to 0$，$r=\mathrm{arctanh}G_1/G_0\to\infty$，$h\to\gamma_m/2$。因此

$$\lim_{G_1\to G_0}\langle\delta \tilde{X}_b^2\rangle_\mathrm{s} = n_m+\frac{1}{2} \tag{3.30}$$

这意味着冷却效应完全消失，机械模处于热态，它与图 3-4 中 $G_1\to G_0$ 的情形非常匹配。

为了检查在绝热近似下获得的方程（3.28）中解析解的准确性，现在精确地求解机械模稳态位置方差 $\langle\delta \tilde{X}_b^2\rangle_\mathrm{s}$ 的数值解。通过 $f(t)=\frac{1}{2\pi}\int_{-\infty}^{\infty} f(\omega)\mathrm{e}^{-i\omega t}\mathrm{d}\omega$ 在方程（3.11）两边做傅里叶变换得到机械模位置涨落在频域下的表达式

$$\delta\tilde{X}_b(\omega) = A(\omega)\tilde{X}_a^\mathrm{in}(\omega) + B(\omega)\tilde{Y}_a^\mathrm{in}(\omega) + E(\omega)\tilde{X}_b^\mathrm{in}(\omega) + F(\omega)\tilde{Y}_b^\mathrm{in}(\omega) \tag{3.31}$$

其中

$$A(\omega)=0 \quad B(\omega)=-\frac{4G_{-}\sqrt{\kappa}}{4G_{-}G_{+}+(\gamma_m-2i\omega)(\kappa-2i\omega)} \tag{3.32a}$$

$$E(\omega)=\frac{2(\kappa-2i\omega)\sqrt{\gamma_m}}{4G_{-}G_{+}+(\gamma_m-2i\omega)(\kappa-2i\omega)} \quad F(\omega)=0 \tag{3.32b}$$

明显地，方程（3.31）中前两项的贡献来源于光学热库的真空输入噪声，然而后两项对应着机械热噪声的贡献。当有效光力耦合边带强度满足 $G_1=G_0$，$\delta\tilde{X}_b(\omega)=\dfrac{\sqrt{\gamma_m}}{\dfrac{\gamma_m}{2}-i\omega}\tilde{X}_b^{\text{in}}(\omega)$，这意味着由于与热库环境的耦合，机械振子将做量子布朗运动。方程（3.31）中噪声算符的关联函数为

$$\begin{aligned}
\langle\tilde{X}_a^{\text{in}}(\omega)\tilde{X}_a^{\text{in}}(\Omega)\rangle &=\langle\tilde{Y}_a^{\text{in}}(\omega)\tilde{Y}_a^{\text{in}}(\Omega)\rangle=\left(n_a+\frac{1}{2}\right)2\pi\delta(\omega+\Omega)\\
\langle\tilde{X}_a^{\text{in}}(\omega)\tilde{Y}_a^{\text{in}}(\Omega)\rangle &=-\langle\tilde{Y}_a^{\text{in}}(\omega)\tilde{X}_a^{\text{in}}(\Omega)\rangle=i\pi\delta(\omega+\Omega)\\
\langle\tilde{X}_b^{\text{in}}(\omega)\tilde{X}_b^{\text{in}}(\Omega)\rangle &=\langle\tilde{Y}_b^{\text{in}}(\omega)\tilde{Y}_b^{\text{in}}(\Omega)\rangle=\left(n_m+\frac{1}{2}\right)2\pi\delta(\omega+\Omega)\\
\langle\tilde{X}_b^{\text{in}}(\omega)\tilde{Y}_b^{\text{in}}(\Omega)\rangle &=-\langle\tilde{Y}_b^{\text{in}}(\omega)\tilde{X}_b^{\text{in}}(\Omega)\rangle=i\pi\delta(\omega+\Omega)
\end{aligned} \tag{3.33}$$

机械模的位置涨落谱定义为

$$2\pi S_{\tilde{X}_b}(\omega)\delta(\omega+\Omega)=\frac{1}{2}[\langle\delta\tilde{X}_b(\omega)\delta\tilde{X}_b(\Omega)\rangle+\langle\delta\tilde{X}_b(\Omega)\delta\tilde{X}_b(\omega)\rangle] \tag{3.34}$$

借助于方程（3.33），位置涨落谱 $S_{\tilde{X}_b}$ 求解得

$$\begin{aligned}
S_{\tilde{X}_b}(\omega)=&\left[A(\omega)A(-\omega)+B(\omega)B(-\omega)\right]\left(n_a+\frac{1}{2}\right)n\\
&+\left[E(\omega)E(-\omega)+F(\omega)F(-\omega)\right]\left(n_m+\frac{1}{2}\right)n
\end{aligned} \tag{3.35}$$

在 $G_1=G_0$ 情况下，位置涨落谱被简化为 $S_{\tilde{X}_b}(\omega)=\gamma_m\left(n_m+\dfrac{1}{2}\right)/\left(\dfrac{\gamma_m^2}{4}+\omega^2\right)$，它明显是一个单峰位于频率 0 处和半高处带宽为 γ_m 的洛伦兹谱线。稳态位置方差 $\langle\delta\tilde{X}_b^2\rangle_{\text{s}}$ 可通过下式计算

$$\langle\delta\tilde{X}_b^2\rangle_{\text{s}}=\frac{1}{2\pi}\int_{-\infty}^{\infty}S_{\tilde{X}_b}(\omega)\,\text{d}\omega \tag{3.36}$$

在 $G_1 = G_0$ 的条件下，$\langle\delta\tilde{X}_b^2\rangle_s = n_m + \dfrac{1}{2}$，这恰好对应着方程（3.30）中的解析情况。

图 3-7 中比较了在不同的平均热声子数下，分别由方程（3.36）和方程（3.28）得到的机械模稳态位置方差 $\langle\delta\tilde{X}_b^2\rangle_s$ 精确的数值解和近似的解析解，可以发现在绝热近似下求解得到的解析解与精确数值解吻合得很好。

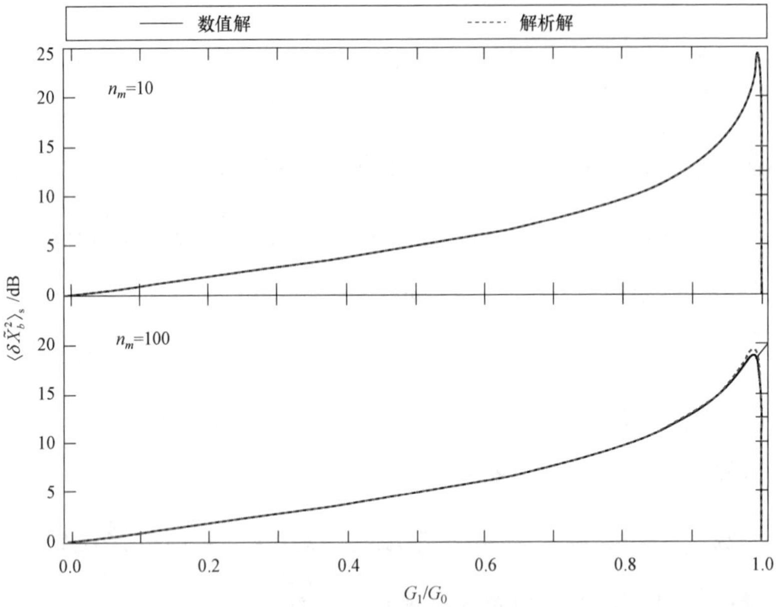

图 3-7　不同平均热声子数下，机械模稳态位置方差 $\langle\delta\tilde{X}_b^2\rangle_s$ 精确数值解与近似解析解之间的比较。（a）$n_m = 10$，（b）$n_m = 100$。

一旦求得稳态位置方差 $\langle\delta\tilde{X}_b^2\rangle_s$ 的解析解，最大化 $\langle\delta\tilde{X}_b^2\rangle_s$ 的解析最优比率 G_1 / G_0 就能通过下式相应地得到

$$\frac{\mathrm{d}\langle\delta\tilde{X}_b^2\rangle_s}{\mathrm{d}(G_1 / G_0)} = 0 \tag{3.37}$$

在做一些化简之后，最优 G_1 / G_0 满足

$$(1+2n_m)\frac{G_1}{G_0}\bigg|_{\mathrm{opt}} - c\left[1-\left(\frac{G_1}{G_0}\bigg|_{\mathrm{opt}}\right)^2\right]\times \mathrm{e}^{-2\operatorname{arctanh}\frac{G_1}{G_0}\big|_{\mathrm{opt}}} = 0 \tag{3.38}$$

它是关于 $(G_1 / G_0)|_{\mathrm{opt}}$ 的一个超越方程，其解析解很难通过求解得到。然而，

如果在足够大的系统协同性（$\mathcal{C}\gg1$）下进一步做近似计算

$$e^{-2r}\simeq\frac{1}{2}\sqrt{\frac{1+2n_m}{\mathcal{C}}} \tag{3.39}$$

最优 G_1/G_0 能在解析后得到

$$\frac{G_1}{G_0}\bigg|_{\text{opt}}\simeq\sqrt{1+\frac{1+2n_m}{\mathcal{C}}}-\sqrt{\frac{1+2n_m}{\mathcal{C}}} \tag{3.40}$$

图 3-8 中分别画出了由方程（3.36）、方程（3.38）和方程（3.40）求解得到的最优 G_1/G_0 随着 G_0 的变化。注意这些结果仅在开始时有一点偏差，最后它们都重合在一起。因此，方程（3.40）中的近似解析解是非常有效的。

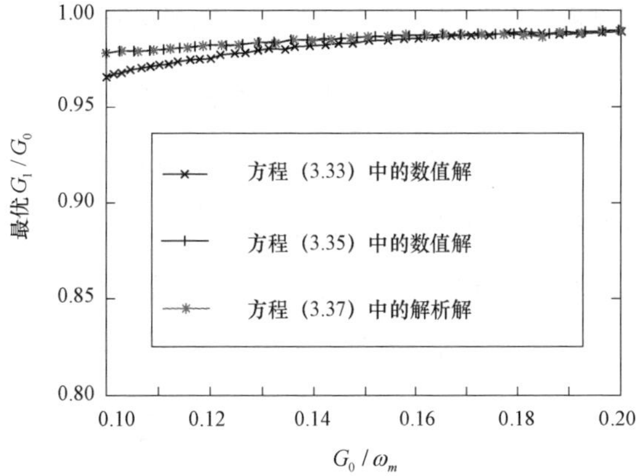

图 3-8　最优比率 G_1/G_0 随着有效光力耦合中心边带强度 G_0 的变化

为了进一步展示通过该方案所制备的机械压缩对于机械热噪声的鲁棒性，图 3-9 中分别画出了由方程（3.36）获得的数值解和方程（3.28）得到的解析解的稳态位置方差 $\langle\delta\tilde{X}_b^2\rangle_s$ 随着平均热声子数 n_m 的变化情况。当热库温度较低（n_m ～10）时，远远超越 3 dB 极限的强机械压缩（～22 dB）能被实现。结果也表明所制备的机械压缩效应具有很强的鲁棒性。甚至在较高的机械热库温度（n_m ～3×10^3）下，稳态机械压缩依然能够打破 3 dB 极限。此外，从图中可以清晰地看到解析结果与数值结果相吻合。

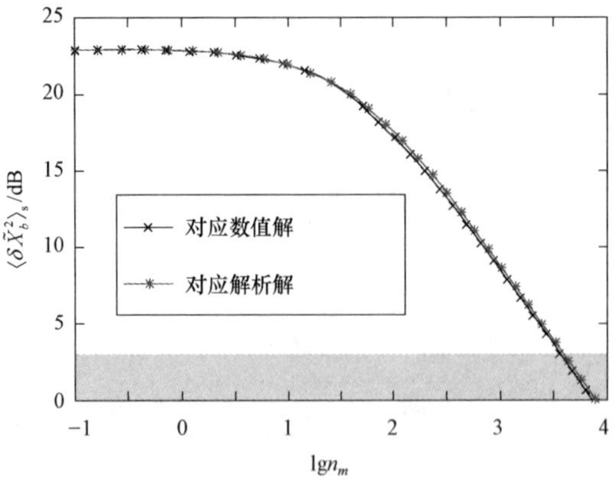

图 3-9 位置方差 $\langle\delta\tilde{X}_b^2\rangle_s$ 随着平均热声子数 n_m 的变化，底部的绿色阴影区域对应着低于 3 dB 极限的机械压缩

现在简要讨论一下该机械压缩制备方案的实验可行性。在目前的方案中，所采用的光力装置是一个标准的光力腔系统，这在当前的光力学中很常见。另外所需要的系统参数都处于腔光力实验平台可行的范围，所应用的驱动场周期调制技术也已经比较成熟并广泛应用于腔光力（电机械）系统的操控[125,155,157,158]。因此，该机械压缩方案在当前的光力学技术下是可行的。

3.6 本章小结

本章介绍了在仅涉及一个腔模和一个机械模的标准腔光力系统中，一个简单且有效的超越 3 dB 的强机械压缩制备方案。单色驱动场恰当的振幅周期调制诱导了期望的有效光力耦合形式，它有助于机械波戈留波夫模的基态冷却。本章分析了周期调制的光力耦合引起的非共振项在机械压缩制备中所扮演的角色，发现它们会导致正交压缩的方向将在相空间中连续 τ 周期性的旋转。本章证明了压缩度不仅依赖于有效光力耦合的数量级，而且更强烈地依赖于边带强度比率 G_1/G_0，并展示了机械压缩度是 G_1/G_0 的非单调函数。最大

压缩对应的最优 G_1/G_0 将机械模的压缩，以及波戈留波夫模的冷却达到了最佳的平衡。在稳态机制下，最大的机械压缩和最优比率 G_1/G_0 都被可被求解，并且进一步验证了近似的解析结果与精确的数值结果相吻合。此外，所制备的机械压缩对于机械热噪声具有较强的鲁棒性。与其他方案相比，本章提出的方案不仅涉及更少的控制激光源，而且也能用来简化一些目前基于双色泵浦驱动技术的方案。

第4章　基于机械非线性和参数泵浦驱动联合效应强机械压缩的制备

4.1 引　言

众所周知，一对正交可观测量的量子涨落，例如场的振幅和相位或者机械振子的位置和动量，会受到海森堡不确定关系的约束。如果两个正交分量中的其中一个的涨落被减小到标准量子极限以下时，它将伴随着另一个正交分量涨落的增加，这就是所谓的压缩态。由于压缩态对于量子测量精度的提高[121,122,159]、量子理论原理的检测[117]，以及量子物理与经典物理边界的探索具有重要意义，[118,119]此外压缩态也是连续变量量子信息处理的重要前提[160]，因此在过去的几十年里许多努力都致力于实现这一非经典量子态。

在光学领域，光场量子压缩的实验观测可以追溯到20世纪80年代[161-163]。由于与环境耦合引起的强烈消相干影响，在宏观大尺度物体的运动态中获得压缩效应是一项极其充满挑战的任务。尽管巨型引力波天线振子的压缩在多年前被提出[164]，但其实验要求很严苛。令人兴奋的是，由于腔光力学方面取得的巨大进步[165]，例如宏观机械振子的基态冷却[14,16-18,39]和强光力耦合的实现[116,166,167]，光力系统为物理上接近宏观尺度的机械振子实现压缩态提供了一个强有力的平台[2]。

近年来，基于腔光力系统许多机械压缩的方案被提出，例如外部驱动振幅的周期调制[40,125,126,158]、机械振子的参数驱动[168]、量子热库操控[41,169]、压缩光驱动和压缩转移[129]、平方光力耦合[130,170]、耗散光力耦合[131,132,171]、Duffing 非线性[42]、非马尔可夫诱导的参数共振[128]。如果机械振子的两个正交分量其中之一的量子涨落被减小到了低于标准量子极限的一半，机械振子的压缩就成功地打破了 3 dB 极限，它已经成为实现强机械压缩的特征。为了超越此极限，一些方案依赖于十分复杂的技术，包括量子测量[134-136]、量子反馈等[137]。此外，当前的机械压缩制备方案主要集中于单一的压缩操控方法。因此，一个新奇的想法是能否利用两个相对简单的压缩方法的联合效应去构建更强的机械压缩。如果可以，各自的压缩效应又如何影响整体压缩的性质。本章将基于 Duffing 非线性和参数泵浦驱动在制备压缩态过程中的联合效应讨论这个问题。

4.2　系统模型与哈密顿量

本章所考虑的系统模型如图 4-1 所示，一个简并光学参量放大器（OPA）放置在一个由固定镜子和移动镜子组成的光力腔内，移动镜子通过辐射压力耦合于频率为 ω_c、衰减率为 κ 的腔场。此外，一束振幅为 ε_L、频率为 ω_L 的外部激光场驱动光学腔。固定镜子是部分透射的，然而移动镜子是完全反射的并且被模拟成有效质量为 m，共振频率为 ω_m，阻尼率为 γ_m，Duffing 非线性为 η 的机械振子。正如文献［172］所指出的，机械非线性能够通过将机械振子耦合于一个辅助系统实现，例如当机械模与一个量子比特耦合时，$\eta=10^{-4}\omega_m$ 的强机械非线性可以得到[42]。对于简并光学参量放大器，假设频率为 $2(\omega_L+\tilde{\omega}_m')$ 的泵浦场与二阶非线性光学晶体作用，它将产生频率为 $\omega_L+\tilde{\omega}_m'$ 的下转换光，其中 $\tilde{\omega}_m'$ 的具体形式将在后面给出。与此同时，机械振子与温度为 T 的热库环境作用，这将导致热的朗之万力施加在机械振子上。在相对于激光频率 ω_L 的旋转框架下，系统的哈密顿量为（$\hbar=1$）

$$H=\delta_c c^\dagger c+\omega_m b^\dagger b+\frac{\eta}{2}(b+b^\dagger)^4-g_0 c^\dagger c(b+b^\dagger)$$
$$+\varepsilon_L(c^\dagger+c)+iG(e^{i\theta}c^{\dagger 2}e^{-2i\tilde{\omega}_m' t}-e^{-i\theta}c^2 e^{2i\tilde{\omega}_m' t}) \tag{4.1}$$

上式中第一项是腔场能量，$\delta_c=\omega_c-\omega_L$ 是腔场对于输入激光的频率失谐，c（$c^\dagger$）是腔场的湮灭（产生）算符并且满足对易关系 $[c,c^\dagger]=1$。第二项和第三项对应着机械振子的能量，它包含了一个 Duffing 项，b（$b^\dagger$）是机械模的湮灭（产生）算符满足 $[b,b^\dagger]=1$。第四项和第五项分别描述了腔场与机械模的相互作用和腔场与输入激光的相互作用，g_0 是单光子光力耦合强度。最后一项代表了腔场与光学参量放大器的耦合，其中 G 和 θ 分别是光学参量放大器的增益和泵浦驱动相位。

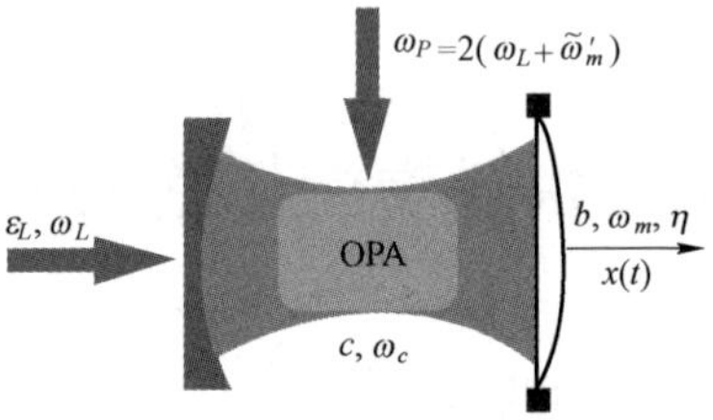

图 4-1　光力系统示意图。其中受参数驱动场泵浦的光学参量放大器（OPA）被放置于一束外部激光场驱动的腔内

强驱动机制将导致腔模和机械模拥有大的稳态振幅，这里让 α 和 β 分别为腔模和机械模的稳态振幅，它们满足如下的方程

$$[-i(\delta_c-2g_0\beta)-\kappa]\alpha-i\varepsilon_L=0 \tag{4.2a}$$

$$16\eta\beta^3+(12\eta+\omega_m)\beta-g_0|\alpha|^2=0 \tag{4.2b}$$

在参数机制 $G\ll\omega_m$ 和 $\gamma_m\ll\kappa$ 下，这里已经忽略了与 G 和 γ_m 有关的项。

利用海森堡运动方程和将噪声与阻尼效应考虑在内，并进一步采用标准的线性化技术求得线性化的量子朗之万方程

$$\dot{b}=-i\tilde{\omega}_m b-2i\Lambda b+ig(c^\dagger+c)-\frac{\gamma_m}{2}b+\sqrt{\gamma_m}b_{in}(t) \tag{4.3a}$$

$$\dot{c}=-i\Delta_c c+ig(b+b^\dagger)+2Ge^{i\theta}c^\dagger e^{-2i\tilde{\omega}_m' t}-\kappa c+\sqrt{2\kappa}c_{in}(t) \tag{4.3b}$$

其中

$$\Delta_c=\delta_c-2g_0\beta \qquad \tilde{\omega}_m=\omega_m+2\Lambda \tag{4.4a}$$

$$\Lambda = 3\eta(4\beta^2+1) \qquad g = g_0|\alpha| \tag{4.4b}$$

这里 b_{in} 是零均热噪声算符，其非零关联函数为

$$\left\langle b_{\text{in}}^{\dagger}(t)b_{\text{in}}(t')\right\rangle = n_m^{\text{th}}\delta(t-t') \tag{4.5a}$$

$$\langle b_{\text{in}}(t)b_{\text{in}}^{\dagger}(t')\rangle = (n_m^{\text{th}}+1)\delta(t-t') \tag{4.5b}$$

其中 $n_m^{\text{th}} = [\exp(\hbar\omega_m/k_BT)-1]^{-1}$ 是平均热声子数，k_B 是玻尔兹曼常数。c_{in} 是零均真空输入噪声算符，它的关联函数为

$$\langle c_{\text{in}}^{\dagger}(t)c_{\text{in}}(t')\rangle = n_c^{\text{th}}\delta(t-t') \tag{4.6a}$$

$$\langle c_{\text{in}}(t)c_{\text{in}}^{\dagger}(t')\rangle = (n_c^{\text{th}}+1)\delta(t-t') \tag{4.6b}$$

其中 $n_c^{\text{th}} = [\exp(\hbar\omega_c/k_BT)-1]^{-1}$ 是腔模平均热激发数。

与方程（4.3）对应的线性化系统哈密顿量为

$$\begin{aligned} H_{\text{eff}} &= \tilde{\omega}_m b^{\dagger}b + \Delta_c c^{\dagger}c + \Lambda(b^2+b^{\dagger 2}) - g(b+b^{\dagger})(c+c^{\dagger}) \\ &\quad + iG(\mathrm{e}^{i\theta}c^{\dagger 2}\mathrm{e}^{-2i\tilde{\omega}_m' t} - \mathrm{e}^{-i\theta}c^2\mathrm{e}^{2i\tilde{\omega}_m' t}) \end{aligned} \tag{4.7}$$

从方程（4.7）中注意到，机械模和腔模将在 Duffing 非线性和参数泵浦驱动下分别被压缩。然后，一个有趣的问题是通过合适选择 $\tilde{\omega}_m'$，能否将腔模的压缩进一步转移到已被压缩的机械模上。如果可以，如图 4-2 所示，则基于 Duffing 非线性和参数泵浦驱动之间的联合效应，强的机械压缩制备是可以实现的。

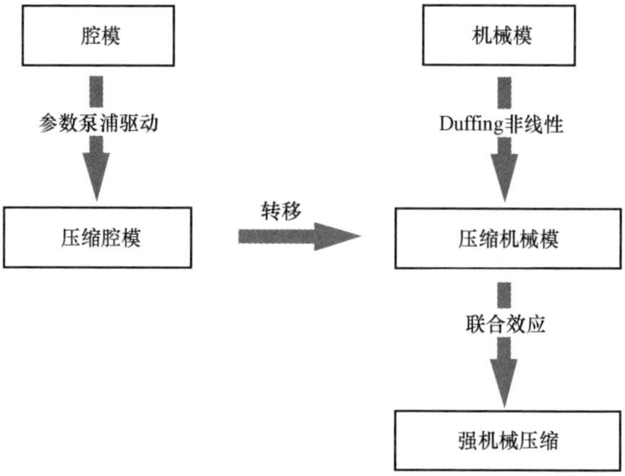

图 4-2　Duffing 非线性和参数泵浦驱动的联合效应构建强机械压缩的物理过程示意图

4.3 机械模稳态量子涨落谱

采用压缩变换 $S(r)=\exp\left[\frac{r}{2}(b^2-b^{\dagger 2})\right]$ 作用到方程（4.7）中的线性化哈密顿量，系统哈密顿量变换为

$$\begin{aligned}H'_{\text{eff}}&=S^{\dagger}(r)H_{\text{eff}}S(r)\\&=\tilde{\omega}'_m b^{\dagger}b+\varDelta_c c^{\dagger}c-g'(b+b^{\dagger})(c+c^{\dagger})+iG(\mathrm{e}^{i\theta}c^{\dagger 2}\mathrm{e}^{-2i\tilde{\omega}'_m t}-\mathrm{e}^{-i\theta}c^2\mathrm{e}^{2i\tilde{\omega}'_m t})\end{aligned}\tag{4.8}$$

其中

$$r=\frac{1}{4}\ln\left(1+\frac{4\Lambda}{\omega_m}\right)\qquad \tilde{\omega}'_m=\sqrt{\omega_m^2+4\omega_m\Lambda}\qquad g'=g\left(1+\frac{4\Lambda}{\omega_m}\right)^{-\frac{1}{4}}\tag{4.9}$$

在相对于自由部分 $\tilde{\omega}'_m b^{\dagger}b+\varDelta_c c^{\dagger}c$ 的相互作用绘景下，H'_{eff} 进一步变换为

$$\begin{aligned}H''_{\text{eff}}=&-g'[\mathrm{e}^{-i(\varDelta_c+\tilde{\omega}'_m)t}bc+\mathrm{e}^{-i(\varDelta_c-\tilde{\omega}'_m)t}b^{\dagger}c+\mathrm{e}^{i(\varDelta_c-\tilde{\omega}'_m)t}c^{\dagger}b+\mathrm{e}^{i(\varDelta_c+\tilde{\omega}'_m)t}c^{\dagger}b^{\dagger}]\\&+iG[\mathrm{e}^{i\theta}c^{\dagger 2}\mathrm{e}^{2i(\varDelta_c-\tilde{\omega}'_m)t}-\mathrm{e}^{-i\theta}c^2\mathrm{e}^{-2i(\varDelta_c-\tilde{\omega}'_m)t}]\end{aligned}\tag{4.10}$$

在 $\tilde{\omega}'_m=\Delta_c$ 和 $\tilde{\omega}'_m\gg g'$ 的参数机制下，旋波近似能被使用，方程（4.10）中的快速振荡项 $\mathrm{e}^{\pm 2i\tilde{\omega}'_m t}$ 可被忽略掉。因此，H''_{eff} 被简化为

$$H''_{\text{eff}}=-g'(b^{\dagger}c+c^{\dagger}b)+iG(\mathrm{e}^{i\theta}c^{\dagger 2}-\mathrm{e}^{-i\theta}c^2)\tag{4.11}$$

明显地，在压缩变换框架下，腔模和机械模之间的有效光力相互作用是分束器型相互作用。因此，从压缩的腔模到压缩的机械模之间的压缩转移是可能的。

现在采用 Routh-Hurwitz 判据研究系统的稳定性[88]。在压缩变换框架下，关于机械模和腔模的线性化量子朗之万方程为

$$\dot{b}=ig'c-\frac{\gamma_m}{2}b+\sqrt{\gamma_m}b_{\text{in}}(t)\tag{4.12a}$$

$$\dot{c}=ig'b+2G\mathrm{e}^{i\theta}c^{\dagger}-\kappa c+\sqrt{2\kappa}c_{\text{in}}(t)\tag{4.12b}$$

引入机械模和热噪声的位置动量正交分量算符

$$\delta Q=(b+b^{\dagger})/\sqrt{2}\qquad \delta P=(b-b^{\dagger})/\sqrt{2}i\tag{4.13a}$$

$$Q_{\text{in}} = (b_{\text{in}} + b_{\text{in}}^{\dagger}) / \sqrt{2} \quad P_{\text{in}} = (b_{\text{in}} - b_{\text{in}}^{\dagger}) / \sqrt{2}i \tag{4.13b}$$

和腔模与输入真空噪声的振幅相位正交分量算符

$$\delta X = (c + c^{\dagger}) / \sqrt{2} \quad \delta Y = (c - c^{\dagger}) / \sqrt{2}i \tag{4.14a}$$

$$X_{\text{in}} = (c_{\text{in}} + c_{\text{in}}^{\dagger}) / \sqrt{2} \quad Y_{\text{in}} = (c_{\text{in}} - c_{\text{in}}^{\dagger}) / \sqrt{2}i \tag{4.14b}$$

方程（4.12）中的线性化量子朗之万方程可以重新写为如下简洁的形式

$$\dot{f}(t) = Mf(t) + n(t) \tag{4.15}$$

其中 $f(t)$ 和 $n(t)$ 是正交分量列矢

$$f(t) = [\delta Q, \delta P, \delta X, \delta Y]^T \tag{4.16a}$$

$$n(t) = [\sqrt{\gamma_m} Q_{\text{in}}, \sqrt{\gamma_m} P_{\text{in}}, \sqrt{2\kappa} X_{\text{in}}, \sqrt{2\kappa} Y_{\text{in}}]^T \tag{4.16b}$$

不含时 4×4 矩阵 $\boldsymbol{M}$ 为

$$\boldsymbol{M} = \begin{pmatrix} -\frac{\gamma_m}{2} & 0 & 0 & -g' \\ 0 & -\frac{\gamma_m}{2} & g' & 0 \\ 0 & -g' & 2G\cos\theta - \kappa & 2G\sin\theta \\ g' & 0 & 2G\sin\theta & -(2G\cos\theta + \kappa) \end{pmatrix} \tag{4.17}$$

系统稳定性能够通过矩阵 $\boldsymbol{M}$ 的所有本征值都由负的实数部分确定，下面列出了系统稳定的具体条件

$$2\kappa(\kappa^2 - 4G^2) + \frac{1}{4}\gamma_m^3 + (2\kappa + \gamma_m)(g'^2 + 2\kappa\gamma_m) > 0 \tag{4.18a}$$

$$\gamma_m^2(\kappa^2 - 4G^2) + 4g'^2(g'^2 + \kappa\gamma_m) > 0 \tag{4.18b}$$

$$\begin{aligned} &2\kappa\gamma_m(\kappa^2 - 4G^2)^2 + [(2\kappa + \gamma_m)^2 g'^2 + (4\kappa + \gamma_m)\kappa\gamma_m^2](\kappa^2 - 4G^2) \\ &+\kappa\gamma_m(2\kappa + \gamma_m)\left[\kappa\gamma_m^2 + \left(2\kappa + \frac{3}{2}\gamma_m\right)g'^2\right] + \frac{\gamma_m^3}{4}\left[\frac{\kappa\gamma_m^2}{2} + (2\kappa + \gamma_m)g'^2\right] > 0 \end{aligned} \tag{4.18c}$$

明显地，只要 $G < 0.5\kappa$，上述所有的稳定性条件就均可满足。另外，由于方程（4.8）中的相似变换不会改变矩阵本征值这一事实，$G < 0.5\kappa$ 仍然能够确保压缩变换之前的原始框架下系统是稳定的。也注意到，系统稳定性与相位角 θ 是无关的。

为了研究Duffing非线性和参数泵浦驱动的联合效应在制备机械压缩中的作用，非常有必要求得机械模的量子涨落谱。通过使用 $f(t)=\frac{1}{2\pi}\int_{-\infty}^{\infty}f(\omega)\mathrm{e}^{-i\omega t}\mathrm{d}\omega$ 在方程（4.15）的两边做傅里叶变换，在频域下机械模的位置和动量涨落为

$$\delta Q(\omega)=A_1(\omega)Q_{\text{in}}(\omega)+B_1(\omega)P_{\text{in}}(\omega)+E_1(\omega)X_{\text{in}}(\omega)+F_1(\omega)Y_{\text{in}}(\omega) \tag{4.19a}$$

$$\delta P(\omega)=A_2(\omega)Q_{\text{in}}(\omega)+B_2(\omega)P_{\text{in}}(\omega)+E_2(\omega)X_{\text{in}}(\omega)+F_2(\omega)Y_{\text{in}}(\omega) \tag{4.19b}$$

其中

$$A_1(\omega)=\frac{\sqrt{\gamma_m}}{d(\omega)}\{[u(\omega)^2-4G^2]\nu(\omega)+g'^2u(\omega)+2Gg'^2\cos\theta\} \tag{4.20a}$$

$$B_1(\omega)=\frac{\sqrt{\gamma_m}}{d(\omega)}2Gg'^2\sin\theta \tag{4.20b}$$

$$E_1(\omega)=-\frac{\sqrt{2\kappa}}{d(\omega)}2Gg'\sin\theta\nu(\omega) \tag{4.20c}$$

$$F_1(\omega)=\frac{\sqrt{2\kappa}}{d(\omega)}g'\{[2G\cos\theta-u(\omega)]\nu(\omega)-g'^2\} \tag{4.20d}$$

$$A_2(\omega)=\frac{\sqrt{\gamma_m}}{d(\omega)}2Gg'^2\sin\theta \tag{4.20e}$$

$$B_2(\omega)=\frac{\sqrt{\gamma_m}}{d(\omega)}\{[u(\omega)\nu(\omega)+g'^2]u(\omega)-4G^2\nu(\omega)-2Gg'^2\cos\theta\} \tag{4.20f}$$

$$E_2(\omega)=\frac{\sqrt{2\kappa}}{d(\omega)}g'\{[2G\cos\theta+u(\omega)]\nu(\omega)+g'^2\} \tag{4.20g}$$

$$F_2(\omega)=\frac{\sqrt{2\kappa}}{d(\omega)}2Gg'\sin\theta\nu(\omega) \tag{4.20h}$$

这里 $u(\omega)=\kappa-i\omega$，$\nu(\omega)=\frac{\gamma_m}{2}-i\omega$，$d(\omega)=[u(\omega)\nu(\omega)+g'^2]^2-4G^2\nu(\omega)^2$。在方程（4.19）中，$\delta Q(\omega)$ 和 $\delta P(\omega)$ 的前两项来源于热噪声，而后两项则来源于真空输入噪声。当腔模和机械模之间不存在光力耦合时，由于与环境的耦合，机械振子将做量子布朗运动。

机械模的位置和动量涨落谱定义为

$$2\pi S_Z(\omega)\delta(\omega+\Omega)=\frac{1}{2}[\langle\delta Z(\omega)\delta Z(\Omega)\rangle+\langle\delta Z(\Omega)\delta Z(\omega)]\quad Z=Q,P \tag{4.21}$$

借助于噪声算符在频域下的关联函数

$$\langle Q_{\text{in}}(\omega)Q_{\text{in}}(\Omega)\rangle=\langle P_{\text{in}}(\omega)P_{\text{in}}(\Omega)\rangle=\left(n_m^{\text{th}}+\frac{1}{2}\right)2\pi\delta(\omega+\Omega) \tag{4.22a}$$

$$\langle Q_{\text{in}}(\omega)P_{\text{in}}(\Omega)\rangle=-\langle P_{\text{in}}(\omega)Q_{\text{in}}(\Omega)\rangle=i\pi\delta(\omega+\Omega) \tag{4.22b}$$

$$\langle X_{\text{in}}(\omega)X_{\text{in}}(\Omega)\rangle=\langle Y_{\text{in}}(\omega)Y_{\text{in}}(\Omega)\rangle=\left(n_c^{\text{th}}+\frac{1}{2}\right)2\pi\delta(\omega+\Omega) \tag{4.22c}$$

$$\langle X_{\text{in}}(\omega)Y_{\text{in}}(\Omega)\rangle=-\langle Y_{\text{in}}(\omega)X_{\text{in}}(\Omega)\rangle=i\pi\delta(\omega+\Omega) \tag{4.22d}$$

在压缩变换框架下，可求得机械模的位置和动量涨落谱

$$\begin{aligned}S_Q(\omega)=&[A_1(\omega)A_1(-\omega)+B_1(\omega)B_1(-\omega)]\left(n_m^{\text{th}}+\frac{1}{2}\right)\\&+[E_1(\omega)E_1(-\omega)+F_1(\omega)F_1(-\omega)]\left(n_c^{\text{th}}+\frac{1}{2}\right)\end{aligned} \tag{4.23a}$$

$$\begin{aligned}S_P(\omega)=&[A_2(\omega)A_2(-\omega)+B_2(\omega)B_2(-\omega)]\left(n_m^{\text{th}}+\frac{1}{2}\right)\\&+[E_2(\omega)E_2(-\omega)+F_2(\omega)F_2(-\omega)]\left(n_c^{\text{th}}+\frac{1}{2}\right)\end{aligned} \tag{4.23b}$$

在 $S_Z(\omega)(Z=Q,P)$ 中，第一项是热噪声的贡献，而第二项来源于输入真空噪声。在原始框架下，机械模的稳态位置和动量均方涨落为

$$\langle\delta Q^2\rangle=\frac{e^{-2r}}{2\pi}\int_{-\infty}^{\infty}S_Q(\omega)d\omega\quad\langle\delta P^2\rangle=\frac{e^{2r}}{2\pi}\int_{-\infty}^{\infty}S_P(\omega)d\omega \tag{4.24}$$

在不存在光力耦合时，能够计算出 $\langle\delta Q^2\rangle=e^{-2r}\left(n_m^{\text{th}}+\frac{1}{2}\right)$ 和 $\langle\delta P^2\rangle=e^{2r}\left(n_m^{\text{th}}+\frac{1}{2}\right)$。在这种情况下，机械模的稳态振幅是极其小的，将导致 $r\simeq 0$。因此，$\langle\delta Q^2\rangle=\langle\delta P^2\rangle=n_m^{\text{th}}+\frac{1}{2}$。对于 $T=0$，即机械振子处于基态，$\langle\delta Q^2\rangle=\langle\delta P^2\rangle=\frac{1}{2}$。由于 $[Q,P]=i$，根据海森堡不确定原理，如果 $\langle\delta Q^2\rangle$ 或者 $\langle\delta P^2\rangle$ 小于 $1/2$，则机械模将处于压缩态。机械模的压缩度可以表达成 $-10\lg\frac{\langle\delta Z^2\rangle}{\langle\delta Z^2\rangle_{\text{vac}}}$（$Z=Q,P$），这里 $\langle\delta Q^2\rangle_{\text{vac}}=\langle\delta P^2\rangle_{\text{vac}}=\frac{1}{2}$ 是基态的位置和动量方差。

4.4 机械非线性和参数泵浦驱动诱导的强机械压缩

当没有光力相互作用时，从方程（4.15）中可求解得到腔模在频域下的振幅和相位涨落

$$\delta X(\omega)=E_3(\omega)X_{\text{in}}(\omega)+F_3(\omega)Y_{\text{in}}(\omega) \tag{4.25a}$$

$$\delta Y(\omega)=E_4(\omega)X_{\text{in}}(\omega)+F_4(\omega)Y_{\text{in}}(\omega) \tag{4.25b}$$

其中

$$E_3(\omega)=-\frac{\sqrt{2\kappa}}{4G^2-u(\omega)^2}[u(\omega)+2G\cos\theta] \tag{4.26a}$$

$$F_3(\omega)=-\frac{\sqrt{2\kappa}}{4G^2-u(\omega)^2}2G\sin\theta \tag{4.26b}$$

$$E_4(\omega)=-\frac{\sqrt{2\kappa}}{4G^2-u(\omega)^2}2G\sin\theta \tag{4.26c}$$

$$F_4(\omega)=-\frac{\sqrt{2\kappa}}{4G^2-u(\omega)^2}[u(\omega)-2G\cos\theta] \tag{4.26d}$$

当系统中无光学参量放大器时，即$G=0$，$\delta X(\omega)$和$\delta Y(\omega)$能被进一步简化为$\delta X(\omega)=\dfrac{\sqrt{2\kappa}}{\kappa-i\omega}X_{\text{in}}(\omega)$和$\delta Y(\omega)=\dfrac{\sqrt{2\kappa}}{\kappa-i\omega}Y_{\text{in}}(\omega)$。采取与方程（4.23）类似的方法，获得腔模的振幅和相位的涨落谱

$$S_X(\omega)=[E_3(\omega)E_3(-\omega)+F_3(\omega)F_3(-\omega)]\left(n_c^{\text{th}}+\frac{1}{2}\right) \tag{4.27a}$$

$$S_Y(\omega)=[E_4(\omega)E_4(-\omega)+F_4(\omega)F_4(-\omega)]\left(n_c^{\text{th}}+\frac{1}{2}\right) \tag{4.27b}$$

当$G=0$时，腔模的振幅和相位涨落谱为$S_X(\omega)=S_Y(\omega)=\dfrac{2\kappa}{\kappa^2+\omega^2}\left(n_c^{\text{th}}+\dfrac{1}{2}\right)$，这是一个全宽高为$2\kappa$、峰值位于$\omega=0$的洛伦兹谱。腔模的稳态均方振幅和位置涨落谱为

$$\langle \delta O^2 \rangle = \frac{1}{2\pi}\int_{-\infty}^{\infty} S_O(\omega)\mathrm{d}\omega \qquad O = X,Y \tag{4.28}$$

在 $G=0$ 的情况下，可以推导出 $\langle \delta X^2 \rangle = \langle \delta Y^2 \rangle = n_c^{\mathrm{th}} + \frac{1}{2}$。如果腔模进一步处于真空态，$\langle \delta X^2 \rangle = \langle \delta Y^2 \rangle = \frac{1}{2}$。类似地，由于 $[X,Y]=i$，如果 $\langle \delta X^2 \rangle$ 或者 $\langle \delta Y^2 \rangle$ 小于 $1/2$（大于 0 dB），腔模将处于压缩态。

通过数值积分方程（4.28），图 4-3（a）画出了不同参数相位 θ 下，腔模相位均方涨落 $\langle \delta Y^2 \rangle$ 随着参数增益 G 的变化。当没有光学参量放大器时，$\langle \delta Y^2 \rangle = 0$ dB，因此腔模的相位正交分量方向上没有被压缩。然而，一旦参数放大器被引入，除了 $\theta = \frac{1}{2}\pi$ 之外，$\langle \delta Y^2 \rangle > 0$ dB 出现了，这意味着腔模的相位压缩可通过参量放大器的引入实现。最优的相位压缩发生在 $\theta = 0$ 时，并且压缩度随着参数增益 G 的增加而变得越来越大。之后，将固定参数相位 $\theta = 0$ 研究制备强机械压缩过程中 Duffing 非线性和参数泵浦驱动的联合效应。在 $\eta = 0$ 时，采取相同的方法数值求解方程（4.24），图 4-3（b）画出了不同参数相位 θ 下，机械模位置均方涨落 $\langle \delta Q^2 \rangle$ 随着参数增益 G 的变化。类似地，可以看到当 $G=0$ 时，$\langle \delta Q^2 \rangle = 0$ dB，这说明在机械模的位置正交分量方向上无压缩效应。当光学参量放大器存在时，除了 $\theta = \frac{1}{2}\pi$ 之外，$\langle \delta Q^2 \rangle$ 也都大于 0 dB。比较图 4-3（a）和图 4-3（b），可以发现对于固定的参数集 (G,θ)，腔模的相位涨落正好等于机械模的位置涨落。因此，腔模的压缩被完全转移到了机械模上，这是因为 $\eta = 0$ 的情况下，压缩变换 $S(r)$ 和条件 $\tilde{\omega}_m' = \Delta_c$ 被分别地约化为一个单位矩阵算符和红失谐驱动机制 $\omega_m = \Delta_c$，导致了腔模和机械模之间的有效光力相互作用是一个分束器型相互作用。

在无 Duffing 非线性和 $\eta = 10^{-5}\omega_m$ 的 Duffing 非线性下，图 4-4 画出了机械模位置均方涨落 $\langle \delta Q^2 \rangle$ 随参数增益 G 的变化。如图中蓝线所示，当系统中仅有参数驱动作用时，由于受系统稳定性的限制（$G < 0.5\kappa$），机械模的位置压缩不能打破 3 dB 极限。同样地，如图中 C 点所示，当只有 $\eta = 10^{-5}\omega_m$ 弱的非

线性被施加在系统上时，机械模位置压缩依然不能超越 3 dB 极限。然而，如图中灰色阴影区域之上的星号曲线所示，一旦恰当的参数驱动作用和弱的非线性同时存在时，机械模的位置压缩是可以超越 3 dB 极限的。因此，基于 Duffing 非线性和参数泵浦驱动之间的联合效应，超越 3 dB 极限的位置压缩是可以实现的，但仅采用这两种操控方法的任意一种，打破 3 dB 的强机械压缩效应却是难以实现的。

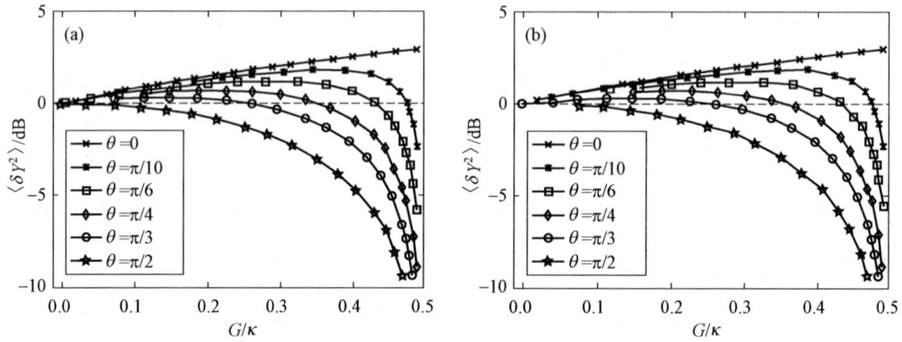

图 4-3　系统均方涨落对参数增益 G 的依赖关系。(a) 腔模相位均方涨落 $\langle \delta Y^2 \rangle$，(b) 机械模位置均方涨落 $\langle \delta Q^2 \rangle$。

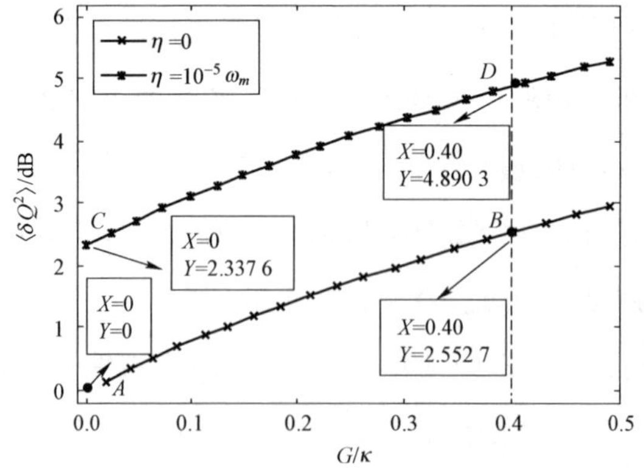

图 4-4　在 $\eta=0$ 和 $\eta=10^{-5}\omega_m$ 情况下，机械模位置均方涨落 $\langle \delta Q^2 \rangle$ 对参数增益 G 的依赖关系

特别地，在图 4-4 中选取 A、B、C、D 四个点作为明确的例子阐述制备机械压缩过程的联合效应。对应于 A、B、C、D 四个点的参数集合 (G,η) 分别是 $(0,0)$、$(0.4\kappa,0)$、$(0,10^{-5}\omega_m)$、$(0.4\kappa,10^{-5}\omega_m)$，它们意味着四种不同的情形，既没有 Duffing 非线性也没有参数泵浦驱动，仅有参数泵浦驱动，仅有 Duffing 非线性，同时具有 Duffing 非线性和参数泵浦驱动。如图 4-4 所示，A、B、C、D 四个点的压缩度分别为 $\zeta_A = 0$ dB，$\zeta_B = 2.5527$ dB，$\zeta_C = 2.3376$ dB，$\zeta_D = 4.8903$ dB。明显地，$\zeta_D > 3\ \text{dB} > \zeta_{B(C)}$，这明确地证明了超越 3 dB 的强机械压缩可以很容易地通过分别由 Duffing 非线性和参数泵浦驱动诱导的两个低于 3 dB 的压缩组分的联合效应来实现。事实上，$\zeta_D = \zeta_B + \zeta_C$，后面将给出解析的证明。

直觉上，从 Wigner 函数的角度，Duffing 非线性和参数泵浦驱动的联合效应在相空间中更能清晰地展示。由于热噪声 b_{in} 和真空输入噪声 c_{in} 都是零均高斯噪声，并且涨落算符 b 和 c 的动力学是线性化的，因此系统演化的状态将始终保持着高斯特性[154]。所以，系统的动力学能够完全由 4×4 的协方差矩阵 $\boldsymbol{\sigma}$ 表征，其元素被定义为

$$\boldsymbol{\sigma}_{ij} = \langle f_i(t)f_j(t) + f_j(t)f_i(t)\rangle/2 \qquad (i,j=1,2,3,4) \tag{4.29}$$

从正交分量涨落算符 $f(t)$ 的动力学方程（4.15）出发，可以推导出协方差矩阵 $\boldsymbol{\sigma}$ 满足的运动方程

$$\dot{\sigma}(t) = \boldsymbol{M}\sigma(t) + \boldsymbol{\sigma}(t)M^T + \boldsymbol{D} \tag{4.30}$$

这里 $\boldsymbol{M}^T$ 代表矩阵 $\boldsymbol{M}$ 的转置，$\boldsymbol{D}$ 为扩散矩阵，其矩阵元为

$$\boldsymbol{D}_{ij} = \langle n_i(t)n_j(t) + n_j(t)n_i(t)\rangle/2 \tag{4.31}$$

根据噪声关联函数，可以发现 $\boldsymbol{D}$ 是一个对角矩阵 $\boldsymbol{D} = \text{Diag}\left[\frac{\gamma_m}{2}(2n_m^{\text{th}}+1), \frac{\gamma_m}{2}(2n_m^{\text{th}}+1), \kappa(2n_c^{\text{th}}+1), \kappa(2n_c^{\text{th}}+1)\right]$。注意到方程（4.30）是一个一阶非齐次微分方程，它能够在初始条件 $\boldsymbol{\sigma}(0) = \text{Diag}\left[\mathrm{e}^{2r}\left(n_m^{\text{th}}+\frac{1}{2}\right), \mathrm{e}^{-2r}\left(n_m^{\text{th}}+\frac{1}{2}\right), n_c^{\text{th}}+\frac{1}{2},\right.$

$n_c^{\text{th}}+\frac{1}{2}\Big]$下数值地求解。

当系统达到稳态时，方程（4.30）中的协方差矩阵运动方程将约化为如下的李雅普诺夫方程

$$\boldsymbol{M}\boldsymbol{\sigma}+\boldsymbol{\sigma}\boldsymbol{M}^T=-\boldsymbol{D} \tag{4.32}$$

如果在压缩变换框架下，机械模 2×2 的协方差矩阵 $\boldsymbol{\sigma}_b$ 能被写成如下形式

$$\boldsymbol{\sigma}_b=\begin{pmatrix}\sigma_{b11} & \sigma_{b12}\\ \sigma_{b21} & \sigma_{b22}\end{pmatrix} \tag{4.33}$$

则在原始框架下，机械模的协方差矩阵为

$$\boldsymbol{V}_b=\begin{pmatrix}e^{-2r}\boldsymbol{\sigma}_{b11} & \boldsymbol{\sigma}_{b12}\\ \boldsymbol{\sigma}_{b21} & e^{2r}\boldsymbol{\sigma}_{b22}\end{pmatrix} \tag{4.34}$$

在这种情况下，机械模相应的 Wigner 函数为

$$W(\boldsymbol{R})=\frac{\exp\left\{-\frac{1}{2}\boldsymbol{R}^T\boldsymbol{V}_b^{-1}\boldsymbol{R}\right\}}{2\pi\sqrt{\mathrm{Det}[\boldsymbol{V}_b]}} \tag{4.35}$$

这里 $\boldsymbol{R}$ 代表二维矢量 $\boldsymbol{R}=(Q,P)^T$ 。

图 4-5 中画出了图 4-4 中 A 、B 、C 、D 四个特定点相空间下的 Wigner 函数。从图 4-5（a）中可以发现，Wigner 函数沿着任意方向既不拉伸也不收缩，这来源于图 4-4 中 A 点既没有 Duffing 非线性又没有参数泵浦驱动，对应着机械模未被压缩。如图 4-5（b）和图 4-5（c）所示，Wigner 函数在垂直方向拉伸而在水平方向收缩，这分别对应着图 4-4 中 B 点在参数泵浦作用下和 C 点在 Duffing 非线性作用下机械模位置的压缩效应。明显地，图 4-5（d）中的这种拉伸和收缩特征更加明显，这清晰地展示了图 4-4 中 D 点 Duffing 非线性和参数泵浦作用的联合压缩效应。

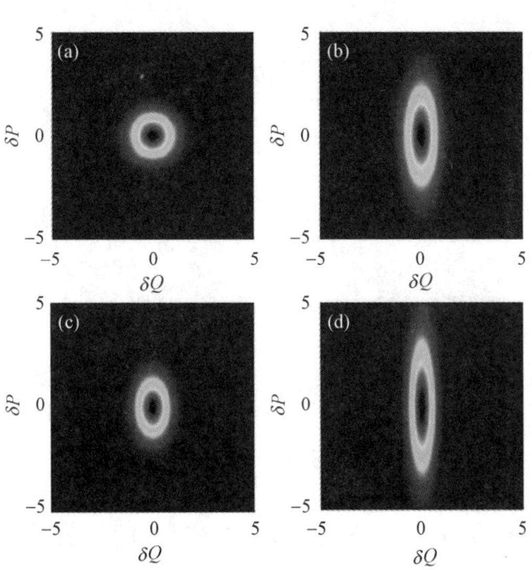

图 4-5　相空间下的机械模 Wigner 函数，(a)、(b)、(c)、(d) 分别对应图 4-4 中的 A 、B 、C 、D 四个点

这里提供解析的方法进一步理解 Duffing 非线性和参数泵浦驱动之间的联合压缩效应。在弱光力耦合机制（ $g' < \kappa$ ）下，腔模衰减率远大于腔模与机械模之间的有效光力耦合，这导致腔模绝热与机械模相互作用。因此

$$c = \frac{1}{\kappa^2 - 4G^2}[i\kappa g' b - 2iGg' \mathrm{e}^{i\theta} b^\dagger + 2G\mathrm{e}^{i\theta}\sqrt{2\kappa} c_{\mathrm{in}}^\dagger(t) + \kappa\sqrt{2\kappa} c_{\mathrm{in}}(t)] \tag{4.36}$$

将上述方程代入方程（4.12）得

$$\dot{b} = -\frac{\kappa g'^2}{\kappa^2 - 4G^2} b + \frac{2Gg'^2 \mathrm{e}^{i\theta}}{\kappa^2 - 4G^2} b^\dagger + \sqrt{\gamma_m} b_{\mathrm{in}}(t) + \frac{ig'\sqrt{2\kappa}}{\kappa^2 - 4G^2}[2G\mathrm{e}^{i\theta} c_{\mathrm{in}}^\dagger(t) + \kappa c_{\mathrm{in}}(t)] \tag{4.37}$$

其中算符 b 的系数中有关 γ_m 的项已被忽略掉。位置涨落 δQ 的动力学方程为

$$\delta\dot{Q} = -\frac{g'^2}{\kappa + 2G}\delta Q + \mathcal{F}_1(t) + \mathcal{F}_2(t) \tag{4.38}$$

其中

$$\mathcal{F}_1(t) = -\frac{ig'\sqrt{\kappa}}{\kappa + 2G}[c_{\mathrm{in}}^\dagger(t) - c_{\mathrm{in}}(t)] \tag{4.39a}$$

$$\mathcal{F}_2(t)=\sqrt{\frac{\gamma_m}{2}}[b_{\text{in}}^{\dagger}(t)+b_{\text{in}}(t)] \tag{4.39b}$$

是有效的朗之万力，它们的关联函数为

$$\langle \mathcal{F}_1(t_1)\mathcal{F}_1(t_2)\rangle=\frac{g'^2\kappa}{(\kappa+2G)^2}(2n_c^{\text{th}}+1)\delta(t_1-t_2) \tag{4.40a}$$

$$\langle \mathcal{F}_2(t_1)\mathcal{F}_2(t_2)\rangle=\frac{\gamma_m}{2}(2n_m^{\text{th}}+1)\delta(t_1-t_2) \tag{4.40b}$$

从方程（4.38）和（4.40），可以获得位置均方涨落 $\langle \delta Q^2(t)\rangle$ 的动力学方程

$$\frac{\mathrm{d}\langle \delta Q^2(t)\rangle}{\mathrm{d}t}=-\frac{2g'^2}{\kappa+2G}\langle \delta Q^2(t)\rangle+\frac{g'^2\kappa}{(\kappa+2G)^2}(2n_c^{\text{th}}+1)+\frac{\gamma_m}{2}(2n_m^{\text{th}}+1) \tag{4.41}$$

因此，在原始框架下，稳态位置均方涨落的解析表达式为

$$\langle \delta Q^2\rangle_{\text{s}}=e^{-2r}\left[\frac{\kappa}{2(\kappa+2G)}(2n_c^{\text{th}}+1)+\frac{\gamma_m(\kappa+2G)}{4g'^2}(2n_m^{\text{th}}+1)\right] \tag{4.42}$$

如果稳态位置涨落的压缩度表达成以分贝为单位，则

$$\begin{aligned}\zeta&=-10\lg\frac{\langle \delta Q^2\rangle_{\text{s}}}{\langle \delta Q^2\rangle_{\text{vac}}}\\&=-10\lg \mathrm{e}^{-2r}-10\lg\left[\frac{\kappa}{2(\kappa+2G)}+\frac{\gamma_m(\kappa+2G)}{4g'^2}\right]-10\lg 2\end{aligned} \tag{4.43}$$

这里已经设 $n_c^{\text{th}}=n_m^{\text{th}}=0$。明显地，方程（4.43）中的第一项来源于与 η 有关的压缩贡献，而第二项来源于与 G 有关的压缩贡献。Duffing 非线性和参数泵浦驱动的联合压缩效应恰好是每一种压缩效应的叠加，这正是图 4-4 中压缩度关系满足 $\zeta_D=\zeta_B+\zeta_C$ 的原因。为了验证方程（4.43）的正确性，图 4-6 中比较了数值解与解析解，从图中清晰地看到，方程（4.43）的解析解与方程（4.24）求解的数值解很好地吻合在一起。

为了进一步展示联合机械压缩效应的鲁棒性，图 4-7 画了机械模位置均方涨落 $\langle \delta Q^2\rangle$ 随着热声子数 n_m^{th} 的变化情况。可以发现，即使热声子数 n_m^{th} 达到 10^5，机械压缩依然能够打破 3 dB 极限。也可以注意到，机械模位置压缩随着热声子数 n_m^{th} 的增加而减小，这可以从方程（4.42）来解释，$\langle \delta Q^2\rangle$ 随着 n_m^{th} 增加，即位置压缩的减小。

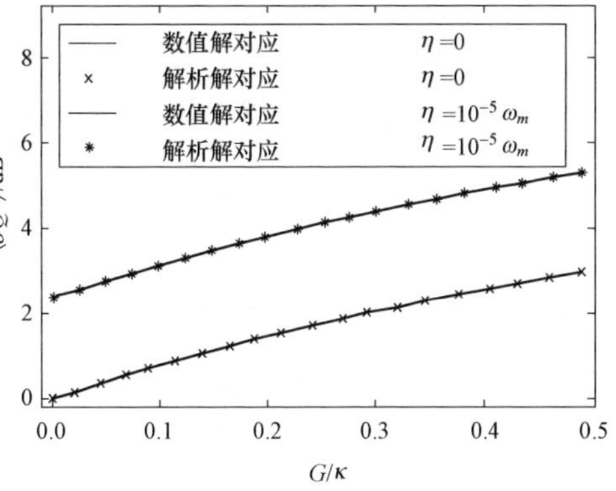

图 4-6　分别由方程（4.24）求解的数值解和由方程（4.43）求解的解析解的机械模位置均方涨落

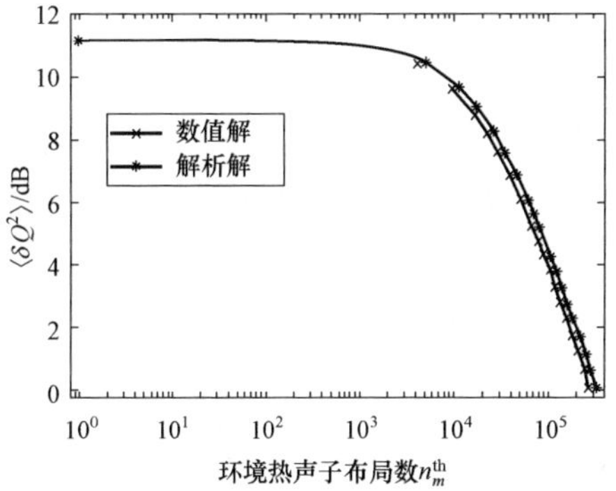

图 4-7　机械模位置均方涨落 $\langle\delta Q^2\rangle$ 对热声子数 n_m^{th} 的依赖关系

4.5　机械压缩的测量

这一节借助输出场讨论机械压缩的测量。根据腔场的输入输出关系 $c_{\text{out}}(t)=\sqrt{2\kappa}c(t)-c_{\text{in}}(t)$，可以得到在频域下输出场的正交涨落 $\delta Z_{\text{out}}(\omega)$ $(Z=X,Y)$。定义输出场的正交涨落算符

$$\delta Z_{\text{out}}(\omega)=\frac{1}{\sqrt{2}}[\delta c_{\text{out}}(\omega)\text{e}^{-i\phi}+\delta c_{\text{out}}(-\omega)^{\dagger}\text{e}^{i\phi}] \tag{4.44}$$

这里 ϕ 是零差测量的相位角。当 $\phi=0$ 时，$\delta Z_{\text{out}}(\omega)=\delta X_{\text{out}}(\omega)$，这对应着输出场的振幅涨落算符。对于 $\phi=\dfrac{\pi}{2}$，$\delta Z_{\text{out}}(\omega)=\delta Y_{\text{out}}(\omega)$ 为输出场的相位涨落

算符。$\delta Z_{\text{out}}(\omega)$能被展开成如下形式

$$\delta Z_{\text{out}}(\omega)=A_Z(\omega)Q_{\text{in}}(\omega)+B_Z(\omega)P_{\text{in}}(\omega)+E_Z(\omega)X_{\text{in}}(\omega)+F_Z(\omega)Y_{\text{in}}(\omega) \tag{4.45}$$

其中

$$A_Z(\omega)=-\sqrt{\gamma_m}[\cos\phi E_1(\omega)+\sin\phi F_1(\omega)] \tag{4.46a}$$

$$B_Z(\omega)=-\sqrt{\gamma_m}[\cos\phi E_2(\omega)+\sin\phi F_2(\omega)] \tag{4.46b}$$

$$E_Z(\omega)=\cos\phi H(\omega)+\sin\phi I(\omega) \tag{4.46c}$$

$$F_Z(\omega)=\cos\phi I(\omega)+\sin\phi R(\omega) \tag{4.46d}$$

$$H(\omega)=\frac{2\kappa}{d(\omega)}\nu(\omega)\{g'^2+[u(\omega)+2G\cos\theta]\nu(\omega)\}-1 \tag{4.46e}$$

$$R(\omega)=\frac{2\kappa}{d(\omega)}\nu(\omega)\{g'^2+[u(\omega)-2G\cos\theta]\nu(\omega)\}-1 \tag{4.46f}$$

$$I(\omega)=\frac{4\kappa}{d(\omega)}G\sin\theta\nu(\omega)^2 \tag{4.46g}$$

$$I(\omega)=\frac{4\kappa}{d(\omega)}G\sin\theta\nu(\omega)^2 \tag{4.46h}$$

定义输出场正交涨落谱

$$2\pi S_{Z\text{out}}(\omega)\delta(\omega+\Omega)=\frac{1}{2}[\langle\delta Z_{\text{out}}(\omega)\delta Z_{\text{out}}(\Omega)\rangle+\langle\delta Z_{\text{out}}(\Omega)\delta Z_{\text{out}}(\omega)\rangle] \tag{4.47}$$

使用方程（4.22）中频域下的噪声算符关联函数，可求得输出场的正交分量涨落谱$S_{Z\text{out}}(\omega)$

$$\begin{aligned}S_{Z\text{out}}(\omega)=&[A_Z(\omega)A_Z(-\omega)+B_Z(\omega)B_Z(-\omega)]\left(n_m^{\text{th}}+\frac{1}{2}\right)\\&+[E_Z(\omega)E_Z(-\omega)+F_Z(\omega)F_Z(-\omega)]\left(n_c^{\text{th}}+\frac{1}{2}\right)\end{aligned} \tag{4.48}$$

在方程（4.48）中，第一项来源于热噪声，而第二项来源于真空输入噪声。

在该联合方案中，制备强机械压缩的两个关键元素为参数泵浦驱动和机械 Duffing 非线性。如果这两个元素均未引入光力系统（$G=0$，$\eta=0$）并且不存在光力耦合（$g_0=0$）时，机械模并不能被压缩，此时输出场的振幅和相

位涨落谱为 $S_{X\text{out}}(\omega)=S_{Y\text{out}}(\omega)=\frac{1}{2}$，这意味着输出场处于真空态。图 4-8 中画出了光力耦合存在时，输出场正交涨落探测谱 $S_{Z\text{out}}(\omega)$ 随着频率 ω 和测量相位角 ϕ 的等高图。图 4-8 清晰展示了输出场的正交涨落 $\delta Z_{\text{out}}(\omega)$ 的探测谱 $S_{Z\text{out}}(\omega)$ 被压缩的区域，即 $S_{Z\text{out}}(\omega)<\frac{1}{2}$。换句话说，一旦参数泵浦驱动和机械 Duffing 非线性被应用到光力系统中制备强机械压缩时，输出场的正交涨落谱 $S_{Z\text{out}}(\omega)$ 能从之前的真空态转换为压缩态。在这个意义上，输出场的正交压缩正好是由参数泵浦驱动和 Duffing 非线性之间的联合效应构建的机械压缩的一个重要特征，因此，联合效应诱导的强机械压缩可以通过零差技术由输出场的正交涨落直接测量。

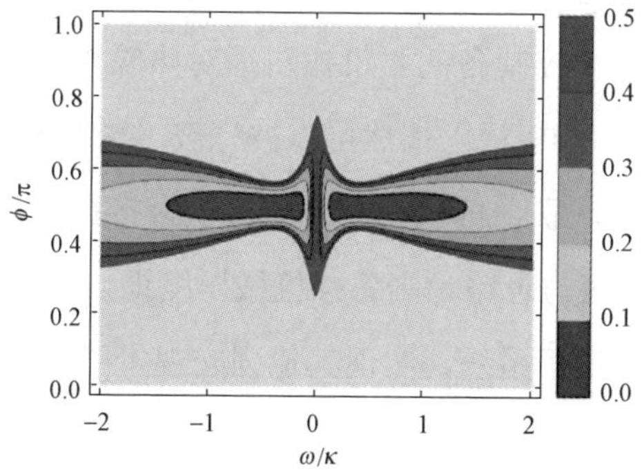

图 4-8　输出场正交涨落探测谱 $S_{Z\text{out}}(\omega)$ 随着频率 ω 和测量相位角 ϕ 变化的等高图

现在对该方案的实验可行性作讨论分析。基于当前的光力系统实验装置平台，该方案中需要的系统参数数量级均在实验合理可行的范围之内。该方案中联合强机械压缩效应来源于两个关键因素，即参数泵浦驱动和 Duffing 非线性。光学参量放大器的参数泵浦驱动是实验上产生压缩腔场最早的方案之一[163]，在当前已经成为实验上十分成熟的一项技术，而 Duffing 非线性的制备[42,172]已经在文献中详细地讨论。与此同时也注意到，较强的非线性能够通过悬浮光力学中的振动模诱导获得[133]。此外，通过零差探测技术，联合机械压缩效应能够直接地测量。

4.6 本章小结

本章详细讨论了基于 Duffing 非线性和参数泵浦驱动的联合效应，超越 3 dB 极限的强机械压缩能够成功地制备而不需要其他额外的技术，例如量子测量或量子反馈。通过合理地选择参数泵浦频率，可以将腔模和机械模之间的有效光力相互作用在压缩变换框架下调制成分束器型相互作用，这意味着由光学参量放大器产生的腔模压缩能被进一步转移到已被 Duffing 非线性压缩的机械模上。借助此联合效应，3 dB 的强机械压缩能被很容易实现，但是两个各自的独立压缩组却允许低于 3 dB。特别地，对于理想机械热库，数值解析证明了联合机械压缩效应的压缩度正是这两种各自独立压缩组分压缩度的叠加。此外，由联合效应制备的强机械压缩对热噪声具有较强的鲁棒性，即使热声子数达到 10^5，3 dB 极限依然可以被打破。本章还展示了通过零差探测输出场的正交涨落谱，联合机械压缩效应可以直接探测而不需要引入一个额外的腔模。该联合效应的思路为制备强机械压缩提供了一种可供选择的方法，并且能够推广到其他量子系统，实现其他强宏观量子效应。

第5章 单色时变泵浦场诱导的双模机械压缩研究

5.1 引 言

近年来，由于前沿研究的巨大成功和实际应用的潜在价值，越来越多的研究集中在腔光力学，腔光力系统也随之成为基础研究科学和应用工程科学的强有力平台[1,2,44,173-175]。迄今为止，机械振子基态冷却的实验[39,69,113]和强光力耦合的明确实验验证[115,176]极大地促进了通过可控辐射压相互作用对多种机械量子行为的有效操控，例如量子叠加态[53,177-181]、压缩态[40,42,50,51,97,128,138,182-184]、阻塞效应[57,58,185]等。

众所周知，量子纠缠是量子物理学的基石，它在基础量子理论和潜在应用方面扮演着至关重要的角色[186]。随着腔光力学技术的发展，腔光力系统日益成为研究宏观纠缠现象的理想“候选者”。目前，如何制备宏观纠缠已成为极其有趣的研究领域，这是由于这样一类纠缠不仅有助于进一步澄清从经典世界到量子机制宏观自由度的相变问题[187-189]，而且是连续变量量子信息处理任务中的必备资源[190,191]。为此，在多种光力装置中许多制备量子纠缠的方案已被提出。通过光学场和移动末端腔镜之间直接的辐射压耦合，光力纠缠的制备已被研究[45]。但通过这种方法制备的光机纠缠是脆弱的，很容易被来源于热库的热噪声破坏。通过将周期调制驱动场引入一个典型的光力系统中，Mari 和 Eisert 成功地证实了光机纠缠能被极大增强[125,155]。但由于系统稳定性的限制，纠缠强度仍然不能超越双模压缩耦合作用所能制备的稳定纠缠极限 ln2 [47,147,148]。为了进一步增强纠缠值，特别是远远超越 ln2 的界限，通过将热库操控技术引入到杂化三模光力系统中，强的光机纠缠被成功地制备[76,91]。

除了光场-机械纠缠，另一类宏观纠缠是机械-机械纠缠，即两个机械振子之间的纠缠。类似地，机械-机械纠缠的早期制备方案也是基于直接的辐射压耦合相互作用[192,193]，但通过这种方式制备的纠缠也是微弱的。随后，为了增强机械-机械纠缠，一系列技术被应用到光力系统中，例如压缩真空光输入[194]、周期调制泵浦[195]、单光子强耦合机制[196]、直接机械耦合[92]等，但是机械-机械纠缠的增强仍然是不太显著的。因此，为了制备两个机械振子之间的高度纠缠甚至超越稳定纠缠极限 ln2，人们已经做出许多努力来实现这个目标。至今，基于物理机理大约可将这些努力分成两类。一类是多重调制的联合效应。例如，同时使用作用在光力系统上的光力耦合和机械耦合调制[47]或外部驱动和机械耦合调制[153]，实现两个直接耦合机械振子之间的强纠缠。另一类可供选择的方法是双色驱动技术，包括红失谐与蓝失谐频率的泵浦色驱动[148,197,198]和相干驱动激光与宽带压缩激光驱动[199]。借助于这类方法，两个非直接耦合的机械振子之间也可以实现强的纠缠[148,197-199]。此外，在文献［148］中的理论工作已经得到了实验上的验证，成功观测到两个宏观机械振子之间的纠缠现象[49]。

尽管上述方案[47,148,153,197-199]的纠缠值超越了纠缠极限 ln2，并且在一定条件下有各自的优势，但需要的操控技术是比较复杂的，例如多重调制技术[47,153]或多重驱动源[148,197-199]。此外，还有一些其他限制条件，例如不同频率的机械振子[49,148,197,198]和小的腔衰减率[197,198]。因此，一系列有趣的问题随之出现：是否存在一个特别简单方法来简化上述的方案？即无论对于同频还是不同频机械振子，仅借助于作用在单色驱动源的单一调制模式，超越纠缠极限 ln2 的强机械-机械纠缠能否实现？本章将解决这个有趣的问题。

5.2　系统模型与哈密顿量

如图 5-1 所示，在一个常规的双振子光力系统中，两个未连接的机械振子（频率 ω_{m_j} 和机械阻尼 γ_{m_j}）同时耦合于一个共同的腔场（频率 ω_c 和腔衰减率 κ）。与此同时，一束频率为 ω_L，调制振幅为 $E(t)$ 的时变激光场作用在腔模上。

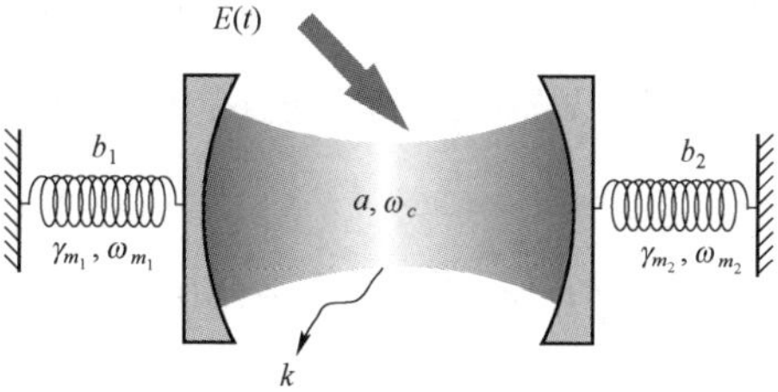

图 5-1　光力装置示意图。通过可控辐射压相互作用，两个未连接的机械振子同时耦合于一个共同的腔场，其中一束时变激光驱动场作用在腔场上。

在相对于激光频率 ω_L 的旋转框架下，系统的哈密顿量可以写为（$\hbar=1$）

$$H=\delta_c a^\dagger a+\sum_{j=1}^{2}[\omega_{mj}b_j^\dagger b_j-ga^\dagger a(b_j+b_j^\dagger)]+[E(t)a^\dagger+E^*(t)a] \qquad (5.1)$$

其中 $\delta_c=\omega_c-\omega_L$ 是腔场对于驱动激光的频率失谐，a（b_j）和 $a^\dagger$（$b_j^\dagger$）分别是腔场（第 j 个机械振子）的湮灭算符和产生算符，g 是单光子光力耦合系数。$E(t)$ 是激光驱动场的时变振幅，它的具体形式将在后文中给出。

除了相干动力学，系统还会不可避免地受到热库环境的影响。如果进一步将耗散因素考虑在内，控制系统动力学演化的量子朗之万方程为

$$\dot{a}=-\left(i\delta_c+\frac{\kappa}{2}\right)a+iga\sum_{j=1}^{2}(b_j+b_j^\dagger)-iE(t)+\sqrt{\kappa}a_{in}(t) \qquad (5.2a)$$

$$\dot{b}=-\left(i\omega_{mj}+\frac{\gamma_{mj}}{2}\right)b_j+iga^\dagger a+\sqrt{\gamma_{mj}}b_j^{in}(t) \qquad (j=1,2) \qquad (5.2b)$$

其中 $a_{\mathrm{in}}(t)$ 和 $b_j^{\mathrm{in}}(t)$ 分别是腔场零均输入噪声算符和第 j 个机械振子的热噪声算符，它们的关联函数为

$$\langle a_{in}^\dagger(t)\,a_{in}(t')\rangle_{\lim}=0 \qquad (5.3a)$$

$$\langle a_{in}^{\dagger}(t)\, a_{in}(t')\rangle_{\lim} = \delta(t-t') \tag{5.3b}$$

$$\langle b_j^{\text{in}?}(t)\, b_j^{\text{in}}(t')\rangle_{\lim} = n_{mj}\delta(t-t') \tag{5.3c}$$

$$\langle b_j^{\text{in}?}(t)\, b_j^{\text{in}}(t')\rangle_{\lim} = (n_{mj}+1)\delta(t-t') \tag{5.3d}$$

这里 $n_{m_j} = \{\exp[\hbar\omega_{m_j}/(k_B T)]-1\}^{-1}$ 是环境温度为 T 时机械热库的平均热占据数，k_B 是玻尔兹曼常数。

由于外部强驱动导致了腔模 a 和机械模 b_j 足够大的振幅，因此标准的线性化技术能应用到当前的系统中。通过 $\mathcal{O}\to\langle\mathcal{O}(t)\rangle+\mathcal{O}$ （$\mathcal{O}=a,b_j$），公式(5-2)中的量子朗之万方程分离成关于期望值 $\langle\mathcal{O}(t)\rangle$ 和涨落 $\mathcal{O}$ 的两组动力学方程

$$\langle\dot{a}(t)\rangle = -i\Delta_c\langle a(t)\rangle - iE(t) \tag{5.4a}$$

$$\langle\dot{b}_j(t)\rangle = -i\omega_{m_j}\langle b_j(t)\rangle - \frac{\gamma_{m_j}}{2}\langle b_j(t)\rangle + ig\left|\langle a(t)\rangle\right|^2 \tag{5.4b}$$

和

$$\dot{a} = -i\left(i\Delta_c + \frac{\kappa}{2}\right)a + ig\langle a(t)\rangle\sum_{j=1}^{2}(b_j + b_j^{\dagger}) + \sqrt{\kappa}a_{\text{in}}(t) \tag{5.5a}$$

$$\dot{b}_j = -\left(i\omega_{m_j} + \frac{\gamma_{m_j}}{2}\right)b_j + ig\langle a(t)\rangle^{*}a + ig\langle a(t)\rangle\, a^{\dagger} + \sqrt{\gamma_{m_j}}\,b_j^{\text{in}}(t) \tag{5.5b}$$

这里 $\Delta_c = \delta_c - g\sum_{j=1}^{2}[\langle b_j(t)\rangle + \langle b_j^{\dagger}(t)\rangle]$ 是由双振子机械运动微弱调制的有效腔失谐。

为方便起见，定义腔模 a 和机械模 b_j 的正交分量算符

$$X_O = (O+O^{\dagger})/\sqrt{2} \tag{5.6a}$$

$$Y_O = (O-O^{\dagger})/\sqrt{2}\,i \tag{5.6b}$$

和相应的正交分量噪声算符

$$X_a^{\text{in}}(t) = (a_{\text{in}}(t) + a_{\text{in}}^{\dagger}(t))/\sqrt{2} \tag{5.7a}$$

$$Y_a^{\text{in}}(t) = [a_{\text{in}}(t) - a_{\text{in}}^{\dagger}(t)]/\sqrt{2}\,i \tag{5.7b}$$

$$X_{b_j}^{\text{in}}(t) = [b_j^{\text{in}}(t) + b_j^{\text{in}\,\dagger}(t)]/\sqrt{2} \tag{5.7c}$$

$$Y_{b_j}^{\text{in}}(t) = [b_j^{\text{in}}(t) - b_j^{\text{in}\,\dagger}(t)]/\sqrt{2}\,i \tag{5.7d}$$

为此，公式（5.5）中的线性化量子朗之万方程可以变换为如下的矩阵方程

$$\dot{\boldsymbol{R}}(t)=A(t)R(t)+N(t) \tag{5.8}$$

其中 $\boldsymbol{R}=[X_a，Y_a，X_{b_1}，Y_{b_1}，X_{b_2}，Y_{b_2}]^T$，$6\times6$ 的系数矩阵 $A(t)$ 将在后面的讨论中给出。

通常，在光力学中引入协方差矩阵研究系统动力学行为是极其方便有效的[45,125]，为此，定义协方差矩阵 $\boldsymbol{\sigma}$[126]

$$\boldsymbol{\sigma}_{i,k}(t)=\langle \boldsymbol{R}_i(t)\boldsymbol{R}_k(t)+\boldsymbol{R}_k(t)\boldsymbol{R}_i(t)\rangle/2 \qquad (i,k=1,2,\cdots,6) \tag{5.9}$$

结合方程（5.8）和方程（5.9），获得 $\boldsymbol{\sigma}$ 的动力学方程

$$\frac{\mathrm{d}\boldsymbol{\sigma}(t)}{\mathrm{d}t}=\boldsymbol{A}(t)\boldsymbol{\sigma}(t)+\boldsymbol{\sigma}(t)\boldsymbol{A}^T(t)+\boldsymbol{D} \tag{5.10}$$

其中 $\boldsymbol{A}^T(t)$ 是矩阵 $\boldsymbol{A}(t)$ 的转置，扩散矩阵 $\boldsymbol{D}=\mathrm{diag}[\kappa/2,\kappa/2,f(m_1),f(m_1),f(m_2)，f(m_2)]$，这里 $f(m_j)=\gamma_{m_j}(2n_{m_j}+1)/2$（$j=1,2$）。

一旦系统的协方差矩阵 $\boldsymbol{\sigma}$ 被求得，机械-机械纠缠很容易通过对数负值度去度量[200]，它可以从机械模 b_1 和 b_2 4×4 的约化协方差矩阵 $\boldsymbol{\sigma}_{b_1-b_2}$ 计算得到。4×4 的 $\boldsymbol{\sigma}_{b_1-b_2}$ 从整个 6×6 的协方差矩阵 $\boldsymbol{\sigma}$ 通过提取最后四行和四列即可得到

$$\boldsymbol{\sigma}_{b_1-b_2}=\begin{pmatrix}\boldsymbol{\Phi}_1 & \boldsymbol{\Phi}_3\\ \boldsymbol{\Phi}_3^T & \boldsymbol{\Phi}_2\end{pmatrix} \tag{5.11}$$

其中 $\boldsymbol{\Phi}_n$（$n=1,2,3$）是 2×2 子矩阵，E_N 能被表示成

$$E_N=\max[0,-\mathrm{In}(2\eta)] \tag{5.12}$$

这里

$$\eta=2^{-1/2}\{W-[W^2-4\det\boldsymbol{\sigma}_{b_1-b_2}]^{1/2}\}^{1/2} \tag{5.13a}$$

$$W=\det\boldsymbol{\Phi}_1+\det\boldsymbol{\Phi}_2-2\det\boldsymbol{\Phi}_3 \tag{5.13b}$$

5.3　同频机械振子双模机械压缩的制备

这一节阐述如何在两个同频机械振子之间制备强的机械-机械纠缠。当

$\omega_{m_1}=\omega_{m_2}=\omega_m$时，方程（5.8）中的矩阵$\boldsymbol{A}(t)$为

$$\boldsymbol{A}(t)=\begin{pmatrix} -\frac{\kappa}{2} & \Delta_c & -G_y & 0 & -G_y & 0 \\ -\Delta_c & -\frac{\kappa}{2} & G_x & 0 & G_x & 0 \\ 0 & 0 & -\frac{\gamma_{m_1}}{2} & \omega_m & 0 & 0 \\ G_x & G_y & -\omega_m & -\frac{\gamma_{m_1}}{2} & 0 & 0 \\ 0 & 0 & 0 & 0 & -\frac{\gamma_{m_2}}{2} & \omega_m \\ G_x & G_y & 0 & 0 & -\omega_m & -\frac{\gamma_{m_2}}{2} \end{pmatrix} \tag{5.14}$$

这里G_x和G_y分别是$2g\langle a(t)\rangle$的实部和虚部。

当驱动激光工作在大失谐机制时，即$\delta_c \gg \omega_m$，腔模能被绝热求解为

$$a(t)\simeq\frac{g\langle a(t)\rangle}{\delta_c-i\frac{\kappa}{2}}\sum_{j=1}^{2}(b_j+b_j^\dagger)+\mathcal{F}_{\text{in}}(t) \tag{5.15}$$

其中噪声项$\mathcal{F}_{\text{in}}(t)=\sqrt{\kappa}\int_0^t e^{i\left(\delta_c-i\frac{\kappa}{2}\right)(t-t')}a_{\text{in}}(t')\mathrm{d}t'$。因此，将腔模约化掉之后机械模$b_j$的动力学方程为

$$\dot{b}_j=-i\omega_m b_j+i\zeta\sum_{j=1}^{2}(b_j+b_j^\dagger)-\frac{\gamma_{m_j}}{2}b_j+\mathcal{F}_j^{\text{in}}(t) \tag{5.16}$$

这里$\zeta=2\delta_c g^2\left|\langle a(t)\rangle\right|^2/(\delta_c^2+\kappa^2/4)$和噪声项$\mathcal{F}_j^{\text{in}}(t)=ig\langle a(t)\rangle^*\mathcal{F}_{\text{in}}+ig\langle a(t)\rangle\mathcal{F}_{\text{in}}^\dagger+\sqrt{\gamma_{m_j}}b_j^{\text{in}}(t)$。如果定义两个非直接耦合机械模的混合模$\beta=(b_1+b_2)/\sqrt{2}$，$\beta$的运动方程为

$$\dot{\beta}=-i\omega_m\beta+2i\zeta(\beta+\beta^\dagger)-\frac{\gamma_m}{2}\beta+\beta_{\text{in}}(t) \tag{5.17}$$

其中有效噪声算符$\beta_{\text{in}}(t)=[\mathcal{F}_1^{\text{in}}(t)+\mathcal{F}_2^{\text{in}}(t)]/\sqrt{2}$，为方便起见，设置$\gamma_{m_1}=\gamma_{m_2}=\gamma_m$。如方程（5.17）所示，它恰好对应着一个有效频移为2ζ的混合模振子的动力学方程。因此，如果能够通过驱动场的操控将此混合模振子调

制成一个近似共振的参数振子，混合模 β 将处于压缩态。众所周知，将混合模压缩意味着 EPR 方差之一会减小到标准量子极限以下，它表明原始模 b_1 和 b_2 之间量子纠缠的制备[146,155]。下面将展示基于时变激光驱动场如何压缩混合模 β。

当设置 $\zeta=\zeta_0\sin^2[(\omega_m-\zeta_0)t]$（$\zeta_0$ 和进一步引入慢变算符 $\beta=\tilde{\beta}e^{-i(\omega_m-\zeta_0)t}$，关于 $\tilde{\beta}$ 的动力学方程能够简化为

$$\dot{\tilde{\beta}}=-i\frac{\zeta_0}{2}\tilde{\beta}^{\dagger}-\frac{\gamma_m}{2}\tilde{\beta}+\tilde{\beta}_{\text{in}}(t) \tag{5.18}$$

注意到方程（5.18）恰好映射成了共振情况下一个阻尼参数振子的动力学方程。定义正交算符 $X_\beta=\beta+\beta^{\dagger}$ 和 $Y_\beta=-i(\beta-\beta^{\dagger})$，如果机械阻尼被忽略掉而且机械振子初始制备在基态，混合模将展示出时变指数压缩，即 $\langle X_\beta^2(t)\rangle=e^{-\zeta_0 t}$。

现在确定如何选择时变激光驱动场 $E(t)$ 来获得上述期望的动力学行为。将绝热解 $\langle a(t)\rangle\simeq-\dfrac{E(t)}{\delta_c-i\kappa/2}$ 代入 $\zeta=\dfrac{2\delta_c g^2\left|\langle a(t)\rangle\right|^2}{\delta_c^2+\kappa^2/4}=\zeta_0\sin^2[(\omega_m-\zeta_0)t]$ 推导出

$$E(t)=E_0\sin[(\omega_m-\zeta_0)t] \tag{5.19}$$

其中 E_0 是一个不含时的正实数和 $\zeta_0=\dfrac{2\delta_c g^2E_0^2}{(\delta_c^2+\kappa^2/4)^2}$。

接下来验证为制备强的机械-机械纠缠而在公式（5.19）中选定的时变驱动场的正确性。假定系统的初态制备在基态 $|0\rangle_a\otimes|0\rangle_{b_1}\otimes|0\rangle_{b_2}$，这在基于当前冷却技术的实验上是可行的。图 5-2 中画出了机械-机械纠缠 E_N 的时间演化以及利用公式（5-19）中的时变驱动 $E(t)$ 混合模 β 的正交分量方差 $\langle X_\beta^2(t)\rangle$ 的时间演化。如图 5-2（a）所示，强的机械-机械纠缠被成功地制备而且纠缠度大于相干相互作用方法所能实现的最大机械-机械纠缠 $E_{N,\max}=\ln 2\sim 0.69$。另一方面，正如理论所预测的，如图 5-2 所示，基于 $E(t)$ 的驱动形式，混合模 β 的确被有效地压缩，并且当旋波近似被采用的时候展现出了指数压缩行为。更重要的是，混合模 β 的正交压缩越强，所获得的相应机械-机械纠缠也越强，

这是因为混合模的强压缩将导致原始模 b_1 和 b_2 之间强的关联。

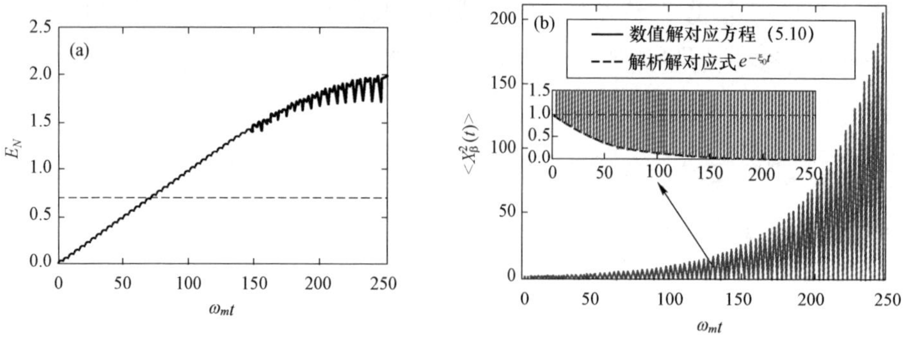

图 5-2　系统动力学演化。(a) 机械-机械纠缠 E_N 时间演化，其中黑虚线表示纠缠极限 ln2；(b) 混合模 β 的正交分量方差 $\langle X_\beta^2(t)\rangle$ 时间演化。

图 5-3 中展示了机械热库温度对纠缠 E_N 的影响，可以发现纠缠 E_N 对机械热库温度有一个逆的依赖关系，这来源于较高的环境温度破坏了双振子光力系统的量子相干性。

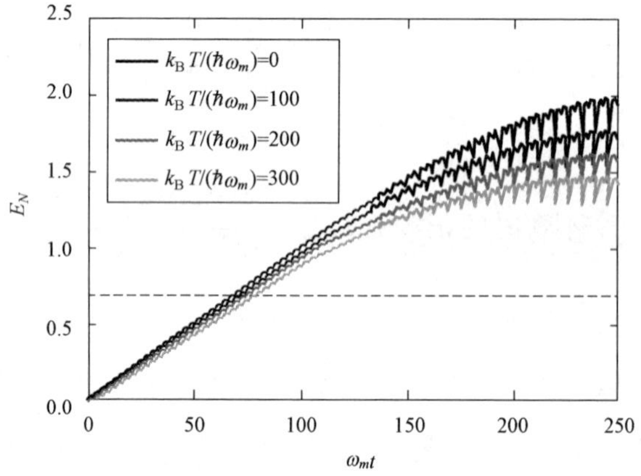

图 5-3　不同机械热库温度下机械-机械纠缠 E_N 的时间演化，其中黑虚线表示纠缠极限 ln2。

上述讨论是基于事先假设同频的两个机械振子，即 $\omega_{m_1}=\omega_{m_2}=\omega_m$，因此一个自然而然的问题是两个机械振子之间微小的频率偏差将如何影响机械-机械纠缠动力学。为此，图 5-4 画出了两个机械振子之间存在 ±5% 的频率偏差时机械-机械纠缠的时间演化。可以看出，一旦轻微的频率偏差出现时，机械-机械纠缠 E_N 将会极大地减弱。这是由于，从公式（5.16）可以看出，只有当

$\omega_{m_1} = \omega_{m_2} = \omega_m$ 时，系统动力学才会完全地调制成一个关于混合模 β 的共振参数振子。下一小节将详细讨论两个不同频率机械振子之间强的机械纠-机械缠的制备问题。

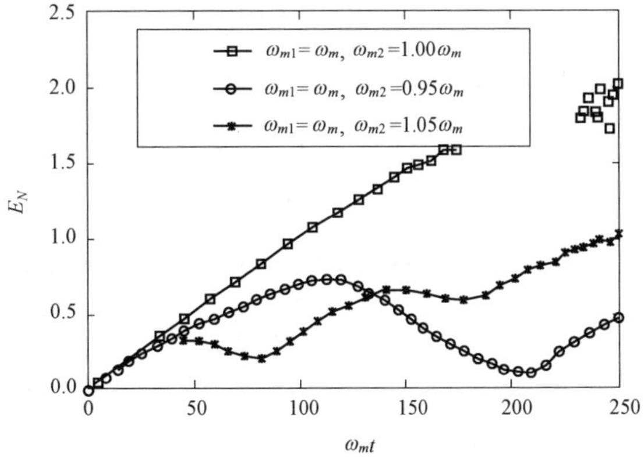

图 5-4　两个机械振子之间±5%的频率偏差对机械-机械纠缠 E_N 时间演化的影响。

需要指出的是，在整个演化过程中，所选取的系统参数保证了方程（5.14）中含时矩阵 $\boldsymbol{A}(t)$ 的所有本征值均具有负的实数部分，这确保了系统的稳定性。

5.4　不同频机械振子双模压缩的制备

不同于上一小节，这一小节转向基于不同频率机械振子如何制备强的机械-机械纠缠。如果采用特定调制方式的单色激光场驱动双振子光力系统，有效光力耦合 $G(t) = g\langle a(t)\rangle$ 可以被调制成如下形式

$$G(t) = G_{-1}e^{i\Omega t} + G_0 + G_1 e^{-i\Omega t} \tag{5.20}$$

这里 G_n（$n = -1,0,1$）是与外部驱动边带组分有关的不含时的正实数。根据方程（5.4）和方程（5.20），外部单色激光场的确切形式能被解析地推导出。

基于方程（5.20）中给定的有效光力耦合 $G(t)$，在相对于自由项 $\Delta_c a^\dagger a + \omega_{m_1} b_1^\dagger b_1 + \omega_{m_2} b_2^\dagger b_2$ 的相互作用绘景下，系统线性化的哈密顿量可以表示成

$$H_{\text{int}} = -\bar{G}e^{-i(\Delta_c+\omega_{m_1})t}ab_1 - \bar{G}^* e^{i(\Delta_c-\omega_{m_1})t}a^\dagger b_1 n \\ -\bar{G}e^{-i(\Delta_c+\omega_{m_2})t}ab_2 - \bar{G}^* e^{i(\Delta_c-\omega_{m_2})t}a^\dagger b_2 + \text{H.c.} \tag{5.21}$$

这里$G = G_{-1}e^{-i\Omega t} + G_0 + G_1 e^{i\Omega t}$。一般设置$\Delta_c = \omega_m$，$\Omega = 3\omega_m$，$\omega_{m_1} = 4\omega_m$，$\omega_{m_2} = 2\omega_m$，并且假设有效光力耦合的边带组分满足$G_n \ll \omega_m$，在此参数条件下，通过旋波近似方程（5.21）中的系统哈密顿量可以化简为

$$H_{\text{eff}} = -G_1(ab_2 + a^\dagger b_2^\dagger) - G_{-1}(ab_1^\dagger + a^\dagger b_1) \tag{5.22}$$

这里高频振荡项已经被安全地忽略掉。高频振荡项对机械-机械纠缠的影响将在随后讨论。方程（5.22）的哈密顿量形式包含了制备b_1和b_2模之间纠缠的基本相互作用：参数放大型相互作用$-G_1(ab_2 + a^\dagger b_2^\dagger)$首先将模$a$和$b_2$纠缠，然后分束器型相互作用$-G_{-1}(ab_1^\dagger + a^\dagger b_1)$将模$a$和$b_1$的状态交换，因此，通过腔模$a$这个媒介模，实现了目标模$b_1$和$b_2$之间的纠缠。

就方程（5.22）中的哈密顿量而言，公式（5.8）中的含时系数矩阵$\boldsymbol{A}(t)$被约化成一个不含时矩阵

$$\boldsymbol{A} = \begin{pmatrix} -\frac{\kappa}{2} & 0 & 0 & -G_{-1} & 0 & G_1 \\ 0 & -\frac{\kappa}{2} & G_{-1} & 0 & G_1 & 0 \\ 0 & -G_{-1} & -\frac{\gamma_{m_1}}{2} & 0 & 0 & 0 \\ G_{-1} & 0 & 0 & -\frac{\gamma_{m_1}}{2} & 0 & 0 \\ 0 & G_1 & 0 & 0 & -\frac{\gamma_{m_2}}{2} & 0 \\ G_1 & 0 & 0 & 0 & 0 & -\frac{\gamma_{m_2}}{2} \end{pmatrix} \tag{5.23}$$

根据 Routh-Hurwitz 判据[88]，系统的稳定性条件可以推导为$G_1 \leqslant G_{-1}$。如果将公式（5.21）中的所有高频振荡项考虑在内，含时系数矩阵$\boldsymbol{A}(t)$为

$$\boldsymbol{A}(t) = [\boldsymbol{A}_{mn}]_{6\times 6} \tag{5.24}$$

其中矩阵元$\boldsymbol{A}_{mn}$（$m,n = 1,2,\cdots,6$）为

$$A_{11} = -\frac{\kappa}{2}\ A_{12} = 0 \tag{5.25a}$$

$$A_{13} = -[\mathrm{Im}G(C_{m_1}^- + C_{m_1}^+) + \mathrm{Re}G(S_{m_1}^- + S_{m_1}^+)] \tag{5.25b}$$

$$A_{14} = -[\mathrm{Im}G(S_{m_1}^+ - S_{m_1}^-) + \mathrm{Re}G(C_{m_1}^- - C_{m_1}^+)] \tag{5.25c}$$

$$A_{15} = -[\mathrm{Im}G(C_{m_2}^- + C_{m_2}^+) + \mathrm{Re}G(S_{m_2}^- + S_{m_2}^+)] \tag{5.25d}$$

$$A_{16} = -[\mathrm{Im}G(S_{m_2}^+ - S_{m_2}^-) + \mathrm{Re}G(C_{m_2}^- - C_{m_2}^+)] \tag{5.25e}$$

$$A_{21} = 0 \quad A_{22} = -\frac{\kappa}{2} \tag{5.25f}$$

$$A_{23} = \mathrm{Re}G(C_{m_1}^- + C_{m_1}^+) - \mathrm{Im}G(S_{m_1}^- + S_{m_1}^+) \tag{5.25g}$$

$$A_{24} = \mathrm{Im}G(C_{m_1}^+ - C_{m_1}^-) + \mathrm{Re}G(S_{m_1}^+ - S_{m_1}^-) \tag{5.25h}$$

$$A_{25} = \mathrm{Re}G(C_{m_2}^- + C_{m_2}^+) - \mathrm{Im}G(S_{m_2}^- + S_{m_2}^+) \tag{5.25i}$$

$$A_{26} = \mathrm{Im}G(C_{m_2}^+ - C_{m_2}^-) + \mathrm{Re}G(S_{m_2}^+ - S_{m_2}^-) \tag{5.25j}$$

$$A_{31} = \mathrm{Im}G(C_{m_1}^- - C_{m_1}^+) + \mathrm{Re}G(S_{m_1}^- - S_{m_1}^+) \tag{5.25k}$$

$$A_{32} = \mathrm{Im}G(S_{m_1}^- - S_{m_1}^+) + \mathrm{Re}G(C_{m_1}^+ - C_{m_1}^-) \tag{5.25l}$$

$$A_{33} = -\frac{\gamma_{m_1}}{2}\ A_{34} = A_{35} = A_{36} = 0 \tag{5.25m}$$

$$A_{41} = \mathrm{Re}G(C_{m_1}^- + C_{m_1}^+) - \mathrm{Im}G(S_{m_1}^- + S_{m_1}^+) \tag{5.25n}$$

$$A_{42} = \mathrm{Im}G(C_{m_1}^- + C_{m_1}^+) + \mathrm{Re}G(S_{m_1}^- + S_{m_1}^+) \tag{5.25o}$$

$$A_{43} = A_{45} = A_{46} = 0\ ?\quad A_{44} = -\frac{\gamma_{m_1}}{2} \tag{5.25p}$$

$$A_{51} = \mathrm{Im}G(C_{m_2}^- - C_{m_2}^+) + \mathrm{Re}G(S_{m_2}^- - S_{m_2}^+) \tag{5.25q}$$

$$A_{52} = \mathrm{Im}G(S_{m_2}^- - S_{m_2}^+) - \mathrm{Re}G(C_{m_2}^- - C_{m_2}^+) \tag{5.25r}$$

$$A_{53} = A_{54} = A_{56} = 0\ ?\quad A_{55} = -\frac{\gamma_{m_2}}{2} \tag{5.25s}$$

$$A_{61} = \mathrm{Re}G(C_{m_2}^- + C_{m_2}^+) - \mathrm{Im}G(S_{m_2}^- + S_{m_2}^+) \tag{5.25t}$$

$$A_{62} = \mathrm{Im}G(C_{m_2}^- + C_{m_2}^+) + \mathrm{Re}G(S_{m_2}^- + S_{m_2}^+) \tag{5.25u}$$

$$A_{63} = A_{64} = A_{65} = 0 \quad A_{66} = -\frac{\gamma_{m_2}}{2} \tag{5.25v}$$

这里 $C_{m_j}^{\pm} = \cos[(\Delta_c \pm \omega_{m_j})t]$ 和 $S_{m_j}^{\pm} = \sin[(\Delta_c \pm \omega_{m_j})t]$（$j = 1,2$）。

为了验证在公式（5.22）中所做旋波近似的有效性，有必要比较由方程（5.21）和方程（5.22）控制的系统动力学。为此，图 5-5 中同时画出了已做旋波近似和未做旋波近似两种情形下机械-机械纠缠 E_N 的时间演化。从图中可以清晰地发现，除了一些轻微的偏差和微小的振动，两种结果对应的机械-机械纠缠 E_N 在整个演化过程中几乎是相同的。因此，在 $G_n \ll \omega_m$ 的参数机制下，通过旋波近似忽略掉方程（5.21）中的高频振荡项是合理有效的。需要指出的是，系统的初态为腔模 a 被制备在真空态，而机械模 b_1 和 b_2 处于与机械热库达到热平衡的热态。

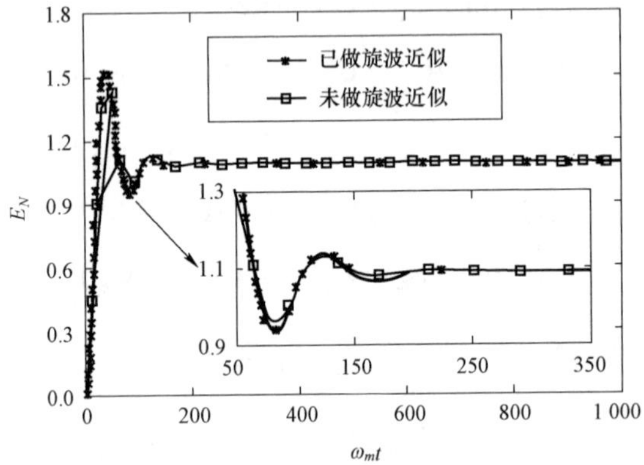

图 5-5　旋波近似和非波近似下机械-机械纠缠 E_N 随时间的演化。

为了更深入理解纠缠制备的物理机制，这一小节从机械模 b_1 和 b_2 媒介模腔模 a 的耗散角度进一步讨论。对于两个机械模 b_1 和 b_2，引入解局域的波戈留波夫模算符

$$\beta_1 = \sinh r b_1^\dagger + \cosh r b_2 = S(r) b_2 S^\dagger(r) \tag{5.26a}$$

$$\beta_2 = \cosh r b_1 + \sinh r b_2^\dagger = S(r) b_1 S^\dagger(r) \tag{5.26b}$$

其中 $S(r) = \exp[r(b_1 b_2 - b_1^\dagger b_2^\dagger)]$ 是双模压缩算符，$r = \operatorname{arctanh}[G_1 / G_{-1}]$ 为压缩参数。注意到 β_1 和 β_2 共享的基态是双模压缩真空态 $|r\rangle = S(r)|0,0\rangle$（$\beta_1|r\rangle = \beta_2|r\rangle = 0$），这里 $|0,0\rangle = |0\rangle_{b_1}|0\rangle_{b_2}$ 是模 b_1 和 b_2 的真空态。因此，如果波戈留波夫模 β_1 或 β_2 被冷却到基态，机械模 b_1 和 b_2 之间的强量子纠缠将会建立。

借助方程（5.26）中定义的波戈留波夫模，方程（5.22）中的共振哈密顿

量能被进一步变换为

$$\mathcal{H} = -\mathcal{G}(a\beta_2^\dagger + a^\dagger \beta_2) \tag{5.27}$$

其中 $\mathcal{G} = \sqrt{G_{-1}^2 - G_1^2}$ 是腔模 a 和波戈留波夫模 β_2 之间的有效耦合强度。如方程（5.27）所示，波戈留波夫模 β_1 完全从系统动力学中解耦，因此它也被称为机械暗模。通过分束器型相互作用，波戈留波夫模 β_2 耦合于腔模 a，这种类型的相互作用已经广泛地应用于机械振子的光力边带冷却[29,38,70]。类似地，扮演着被操控的环境，腔模仍然能被用来将波戈留波夫模 β_2 冷却到基态，即将波戈留波夫模 β_2 的热布局转移到腔模中，并通过腔模的耗散进一步转移到环境中。

当系统达到稳态时，协方差矩阵 $\boldsymbol{\sigma}$ 的动力学方程（5.10）将化简为如下的李雅普诺夫方程

$$\boldsymbol{A\sigma} + \boldsymbol{\sigma A}^T = -D \tag{5.28}$$

机械模 b_1 和 b_2 的稳态双模协方差矩阵能被获得

$$\boldsymbol{\sigma}_{b_1-b_2}^S = \begin{pmatrix} \lambda_1 & 0 & \lambda_3 & 0 \\ 0 & \lambda_1 & 0 & -\lambda_3 \\ \lambda_3 & 0 & \lambda_2 & 0 \\ 0 & -\lambda_3 & 0 & \lambda_2 \end{pmatrix} \tag{5.29}$$

其中

$$\lambda_k = \sinh^2 r(\langle \beta_k^\dagger \beta_k \rangle + 1) + \cosh^2 r \langle \beta_{3-k}^\dagger \beta_{3-k} \rangle - \sinh^2 r \langle \beta_1 \beta_2 \rangle + \frac{1}{2} \, (k=1,2) \tag{5.30a}$$

$$\lambda_3 = \cosh^2 r \langle \beta_1 \beta_2 \rangle - \frac{1}{2} \sinh^2 r(\langle \beta_1^\dagger \beta_1 \rangle + \langle \beta_2^\dagger \beta_2 \rangle + 1) \tag{5.30b}$$

波戈留波夫模 β_j 的稳态占据数为

$$\langle \beta_1^\dagger \beta_1 \rangle = \sinh^2 r(n_{m_1} + 1) + \cosh^2 r n_{m_2} \tag{5.31a}$$

$$\langle \beta_2^\dagger \beta_2 \rangle = \frac{(\kappa + \gamma_{m_1} + \Gamma)\gamma_{m_1} \bar{n}}{(\gamma_{m_1} + \Gamma)(\kappa + \gamma_{m_1})} \tag{5.31b}$$

两个波戈留波夫模之间零和非零关联分别为

$$\langle\beta_j\beta_j\rangle=\langle\beta_j^\dagger\beta_j^\dagger\rangle=0 ? \ \langle\beta_1^\dagger\beta_2\rangle=\langle\beta_1\beta_2^\dagger\rangle=0 \tag{5.32a}$$

$$\langle\beta_1\beta_2\rangle=\langle\beta_1^\dagger\beta_2^\dagger\rangle=\frac{\gamma_{m_1}(\gamma_{m_1}+\kappa)(n_{m_1}+n_{m_2}+1)\sinh^2 r}{\Gamma\kappa+2\gamma_{m_1}(\gamma_{m_1}+\kappa)} \tag{5.32b}$$

这里

$$\Gamma=4\mathcal{G}^2/\kappa ? \ \bar{n}=\cosh^2 r n_{m_1}+\sinh^2 r(n_{m_2}+1) \tag{5.33}$$

一旦得到协方差矩阵$\boldsymbol{\sigma}_{b_1-b_2}^{\mathrm{s}}$，基于方程（5.12），稳态机械-机械纠缠行为将很方便地研究。

图 5-6 画出了在不同的平均热声子数下，稳态机械-机械纠缠E_N和波戈留波夫模占据数$\langle\beta_2^\dagger\beta_2\rangle$随着有效光力耦合边带的比率$G_1/G_{-1}$的变化趋势。可以发现，机械-机械纠缠$E_N$是$G_1/G_{-1}$的非单调函数，而占据数$\langle\beta_2^\dagger\beta_2\rangle$是$G_1/G_{-1}$的单调递增函数，这是因为随着$G_1$的增加，压缩参数$r=\mathrm{arctanh}[G_1/G_{-1}]$变化更大，这意味着机械模$b_1$和$b_2$之间更强的纠缠。另一方面，由于$\mathcal{G}=\sqrt{G_{-1}^2-G_1^2}$，对于固定的$G_{-1}$，增加$G_1$将减弱有效耦合强度$\mathcal{G}$，这不可避免地抑制了波戈留波夫模$\beta_2$的冷却。因此，随着$G_1$的增加，机械-机械纠缠$E_N$开始时变得越来越强，而波戈留波夫模$\beta_2$的占据数$\langle\beta_2^\dagger\beta_2\rangle$缓慢地上升。然而，随着$G_1$的进一步增加，$\mathcal{G}=\sqrt{G_{-1}^2-G_1^2}\to 0$，冷却能力将极大地减弱并最终消失，如图 5-6(b)所示，这导致了占据数$\langle\beta_2^\dagger\beta_2\rangle$的迅速增加。一旦波戈留波夫模$\beta_2$未被成功地冷却，即$\langle\beta_2^\dagger\beta_2\rangle>1$，机械-机械纠缠$E_N$将迅速地减弱。从这个意义上讲，如图 5-6（a）中的最大机械-机械纠缠E_N正是双模压缩强度和波戈留波夫模β_2冷却之间的平衡结果。此外，随着机械热声子数的增加，对应着最大E_N的最优比率G_1/G_{-1}向左移动，这是由于对于较大的机械热声子数，它将需要更强的有效耦合$\mathcal{G}$去冷却波戈留波夫模β_2接近基态。$\mathcal{G}=\sqrt{G_{-1}^2-G_1^2}=G_{-1}\sqrt{1-(G_1/G_{-1})^2}$，因此最优的$G_1/G_{-1}$将相应地减小。当恰当地选择有效光力耦合边带比率$G_1/G_{-1}$，远远超越 ln2 的强机械-机械纠缠能被成功地制备。

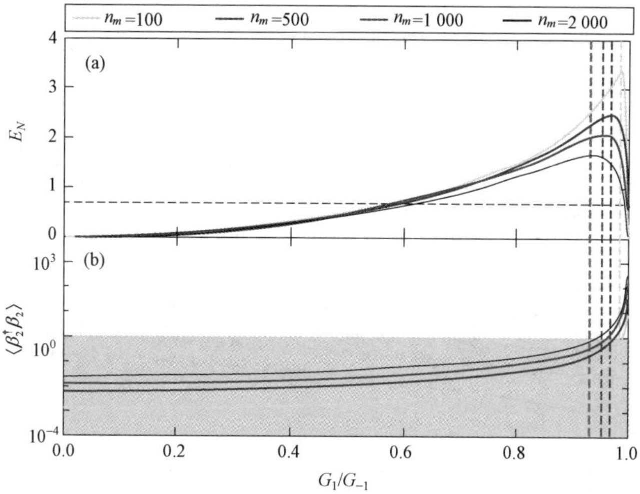

图 5-6　有效光力耦合边带比率 G_1/G_{-1} 对系统稳定动力学的影响。(a) 稳态机械-机械纠缠 E_N 随着 G_1/G_{-1} 的变化，(b) 波戈留波夫模布局数 $\langle\beta_2^\dagger\beta_2\rangle$ 随着 G_1/G_{-1} 的变化。

在上一小节中，对于一个固定的 G_{-1}，所制备的最大纠缠是完全不同的两类效应的竞争平衡结果。因此，对于可调参数 G_{-1}，非常有必要最优化比率 G_1/G_{-1} 去获得最大化机械-机械纠缠。

图 5-7（a）和图 5-7（b）分别展示了在不同的热声子数下，对于可调 G_{-1}，G_1 遍及 $[0,G_{-1}]$ 时最大机械-机械纠缠 E_N 和对应的最优比率 G_1/G_{-1} 随着 G_{-1} 的变化情况。从图 5-7（a）中可以清晰地看到，对于确定的热声子数，随着 G_{-1} 的增加，最大化的机械-机械纠缠 E_N 变得越来越强，这是因为当 G_{-1} 增加时，对于一个特定的 G_1/G_{-1}，方程（5.27）中腔模 a 和波戈留波夫模 β_2 之间的有效耦合强度 $\mathcal{G}=G_{-1}\sqrt{1-(G_1/G_{-1})^2}$ 将会增强，这反过来促进了 β_2 的冷却。类似地，如图 5-7（b）所示，随着 G_{-1} 的增加，最优比率 G_1/G_{-1} 也趋近于 1。对于一定的 n_m，根据 $\mathcal{G}=G_{-1}\sqrt{1-(G_1/G_{-1})^2}$，当增大 G_{-1}，一个较大的 G_1/G_{-1} 仍然能够确保冷却模 β_2。此外，可以发现纠缠 E_N 对于热声子数有一个逆向依赖关系，并且所制备的机械-机械纠缠对于热噪声具有较强的鲁棒性。即使 $n_m=2\,000$ 时，超越 ln2 的强纠缠依然可以成功制备。

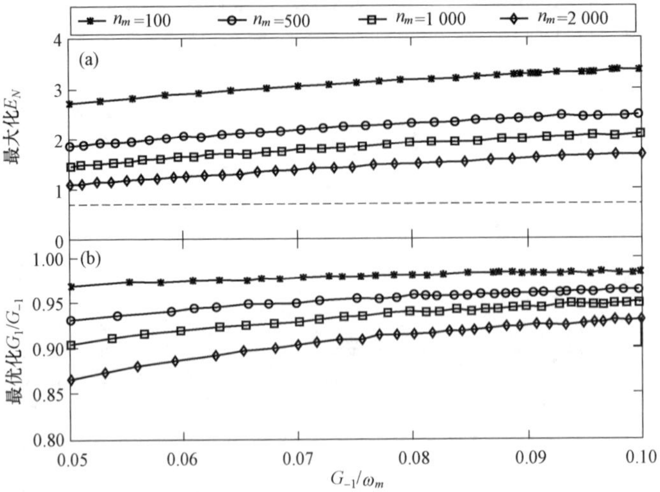

图 5-7　对于可调参数 G_{-1}，系统纠缠动力学最优化。(a) 最大机械-机械纠缠 E_N 随着 G_{-1} 的变化，(b) 对应于最大机械-机械纠缠的最优化比率 G_1/G_{-1} 随着 G_{-1} 的变化。

事实上，除了有效耦合 $\mathcal{G}$，腔模衰减率 κ 也将会影响波戈留波夫模 β_2 的冷却，即它将不可避免地影响机械-机械纠缠。为了进一步揭示腔模衰减率 κ 对于纠缠的影响，图 5-8 中画出不同腔衰减率下，最优化比率 G_1/G_{-1} 的机械-机械纠缠 E_N 随着系统协同性参数 $\mathcal{C}=4G_{-1}^2/(\kappa\gamma_m)$ 的变化情况。从图中可以发现，在大的系统协同性极限下，强的机械-机械纠缠能被制备。在合理的范围内增加腔模衰减率 κ 也有助于强机械-机械纠缠的制备，这是由于较大的腔模衰减率 κ 加强了腔模冷却模 β_2 的能力，它意味着更强的机械-机械纠缠。从该意义上讲，所提出的方案不需要深度可分辨边带条件。然而，受旋波近似条件 $G_{-1}\ll\omega_m$ 的限制，对于固定的系统协同性 $\mathcal{C}$，腔模的衰减率 κ 也不能太大。与此同时也注意到，衰减率从 $\kappa=10^{-3}\omega_m$ 变化到 $\kappa=10^{-2}\omega_m$ 纠缠的增量远远显著于 $\kappa=10^{-2}\omega_m$ 变化到 $\kappa=10^{-1}\omega_m$，这是因为对于较低的热声子激发数 $n_m=50$，$\kappa=10^{-2}\omega_m$ 的腔衰减率已经可以将波戈留波夫模 β_2 很好地冷却到基态，并且在 $\kappa=10^{-2}\omega_m$ 和 $\kappa=10^{-1}\omega_m$ 两种情形下，最优比率 G_1/G_{-1} 的偏差是极其微小的。因此，从 $\kappa=10^{-2}\omega_m$ 变化到 $\kappa=10^{-1}\omega_m$ 时纠缠的增量是不太明显的。

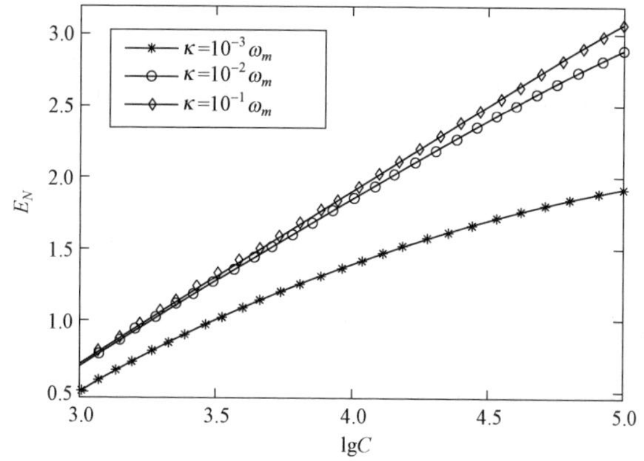

图 5-8　不同腔衰减率下，机械-机械纠缠 E_N 随着系统协同性C的变化。

5.5　机械-机械纠缠探测

这一节将讨论该方案中所制备纠缠的探测。如图 5-9 所示，为了探测纠缠，系统中引入一个共振频率为 ω_s、衰减率为 κ_s 的辅助腔模 a_s。与此同时，一束振幅为 E_P、频率为 ω_P 的弱泵浦场驱动在辅助腔模 a_s 上。

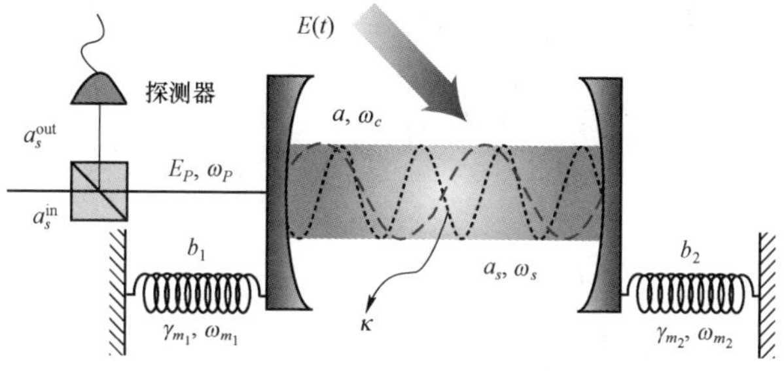

图 5-9　机械-机械纠缠探测方案示意图。

将辅助腔模和弱泵浦场包含在内，系统的整个哈密顿量为

$$H_{\det} = H + \delta_s a_s^\dagger a_s - \sum_{j=1}^{2} g_s a_s^\dagger a_s (b_j + b_j^\dagger) + iE_p(a_s^\dagger - a_s) \tag{5.34}$$

这里 H 是方程（5.1）中给出的哈密顿量，$\delta_s = \omega_s - \omega_P$ 是辅助腔模 a_s 的频率失谐，g_s 是辅助腔模的单光子光力耦合强度。要求作用在辅助腔模 a_s 上的泵浦场振幅 E_P 被选择为足够地弱，这使得经典响应振幅 α 非常小，即

$|G_s| = |g_s \alpha| \ll |G|$。由于 a_s 的存在，系统的动力学不再由方程（5.5）精确地描述。将腔耗散 κ_s 和输入噪声 a_s^{in} 考虑在内，关于辅助腔模 a_s 的线性化动力学方程为

$$\dot{a}_s = -\left(\frac{\kappa_s}{2} + i\Delta_s\right)a_s + iG_s(b_1 + b_2) + \sqrt{\kappa_s}\,a_s^{\text{in}} \tag{5.35}$$

其中 Δ_s 是有效失谐并且在 $\Delta_s = \omega_{m_1} \gg G_s, \kappa_s$ 的参数机制下，已经忽略了快速振荡项。在参数条件 $\kappa_s \gg G_s$ 下，辅助腔模 a_s 能被绝热地消除掉[52,127]

$$a_s = \frac{1}{\kappa_s / 2 + i\Delta_s}\left[iG_s(b_1 + b_2) + \sqrt{\kappa_s}\,a_s^{\text{in}}\right] \tag{5.36}$$

借助于输入-输出关系 $a_s^{\text{out}} = \sqrt{\kappa_s}\,a_s - a_s^{\text{in}}$，可以得到

$$a_s^{\text{out}} = \frac{1}{\kappa_s / 2 + i\Delta_s}\left[i\sqrt{\kappa_s}\,G_s(b_1 + b_2) + \left(\frac{\kappa_s}{2} - i\Delta_s\right)a_s^{\text{in}}\right] \tag{5.37}$$

进一步定义输出场的正交分量算符

$$Z_s^{\text{out}} = \frac{1}{\sqrt{2}}\left(a_s^{\text{out}} \mathrm{e}^{-i\phi} + a_s^{\text{out}\dagger} \mathrm{e}^{i\phi}\right) \tag{5.38}$$

这里 ϕ 是零差测量中的测量相位角。当 $\phi = 0$ 时，$Z_s^{\text{out}} = X_s^{\text{out}}$ 对应着输出场的振幅算符。然而当 $\phi = \pi / 2$ 时，$Z_s^{\text{out}} = Y_s^{\text{out}}$ 对应着输出场的相位算符。从方程（5.36）和方程（5.37）可以得到

$$\begin{aligned} Z_s^{\text{out}}(\phi) = {} & \frac{1}{\kappa_s^2 / 4 + \Delta_s^2} \times \\ & \left\{\sqrt{\kappa_s}\,G_s\left[\left(\Delta_s \cos\phi + \frac{1}{2}\kappa_s \sin\phi\right)(X_{b_1} + X_{b_2}) + \left(\Delta_s \sin\phi - \frac{1}{2}\kappa_s \cos\phi\right)(Y_{b_1} + Y_{b_2})\right]\right. \\ & \left. + \left(\frac{\kappa_s^2}{4} - \Delta_s^2\right)X_s^{\text{in}}(\phi) - \kappa_s \Delta_s X_s^{\text{in}}\left(\phi - \frac{\pi}{2}\right)\right\} \end{aligned} \tag{5.39}$$

其中

$$X_s^{\text{in}} = \frac{1}{\sqrt{2}}\left(a_s^{\text{in}} + a_s^{\text{in}\dagger}\right) \quad Y_s^{\text{in}} = \frac{1}{\sqrt{2}i}\left(a_s^{\text{in}} - a_s^{\text{in}\dagger}\right) \quad X_s^{\text{in}}(\phi) = \cos\phi X_s^{\text{in}} + \sin\phi Y_s^{\text{in}} \tag{5.40}$$

因此，辅助腔 a_s 的输出场可以给出系统动力学的直接测量。采用文献中采用的零差输出场的方法，可以探测协方差矩阵 $\boldsymbol{\sigma}_{b_1-b_2}$ 的所有元素并且通过方程（5.12），进一步用 E_N 数值度量纠缠。

在上述讨论中，辅助腔模 a_s 对机械振子的反作用，即哈密顿量中的 $-G_s(a_s b_1 + a_s b_2 + \text{H.c.})$ 项，被忽略掉了。然而，在探测过程中引入的辅助腔模是否会影响所制备纠缠的结果应该被澄清。因此，非常有必要考虑有无探测时所制备纠缠结果的偏差。将辅助腔模 a_s 考虑在内，关于 8×8 的协方差矩阵 $\boldsymbol{\sigma}'$ 的动力学方程为

$$\dot{\boldsymbol{\sigma}}' = \boldsymbol{A}'\boldsymbol{\sigma}' + \boldsymbol{\sigma}'\boldsymbol{A}'^{T} + \boldsymbol{D}' \tag{5.41}$$

这里 $\boldsymbol{D}' = \text{diag}[\kappa/2, \kappa/2, \kappa_s/2, \kappa_s/2, f(m_1), f(m_1), f(m_2), f(m_2)]$ 并且 $f(m_j) = \gamma_{m_j}(2n_{m_j}+1)/2$（$j=1,2$）。矩阵 $\boldsymbol{A}'$ 为

$$\boldsymbol{A}' = \begin{pmatrix} -\frac{\kappa}{2} & 0 & 0 & 0 & 0 & -G_{-1} & 0 & G_1 \\ 0 & -\frac{\kappa}{2} & 0 & 0 & G_{-1} & 0 & G_1 & 0 \\ 0 & 0 & -\frac{\kappa_S}{2} & \Delta_S & 0 & 0 & 0 & 0 \\ 0 & 0 & -\Delta_S & -\frac{\kappa_1}{2} & 2G_S & 0 & 2G_S & 0 \\ 0 & -G_{-1} & 0 & 0 & -\frac{\gamma_{m_1}}{2} & 0 & 0 & 0 \\ G_{-1} & 0 & 2G_S & 0 & 0 & -\frac{\gamma_{m_1}}{2} & 0 & 0 \\ 0 & 0 & 0 & 0 & 0 & 0 & -\frac{\gamma_{m_2}}{2} & 0 \\ G_1 & 0 & 2G_S & 0 & 0 & 0 & 0 & -\frac{\gamma_{m_2}}{2} \end{pmatrix} \tag{5.42}$$

如图 5-10 所示，在有无探测时，纠缠 E_N 的时间演化以及不同热声子数下获得的稳态纠缠 E_N 随着比率 G_1/G_{-1} 的变化分别被展示。可以发现两种情况下所获得的纠缠结果吻合得很好，因此，辅助探测腔模 a_s 的反作用对系统动力

学的影响是十分微弱的，这意味着探测对所制备纠缠结果的影响是完全可以忽略的。

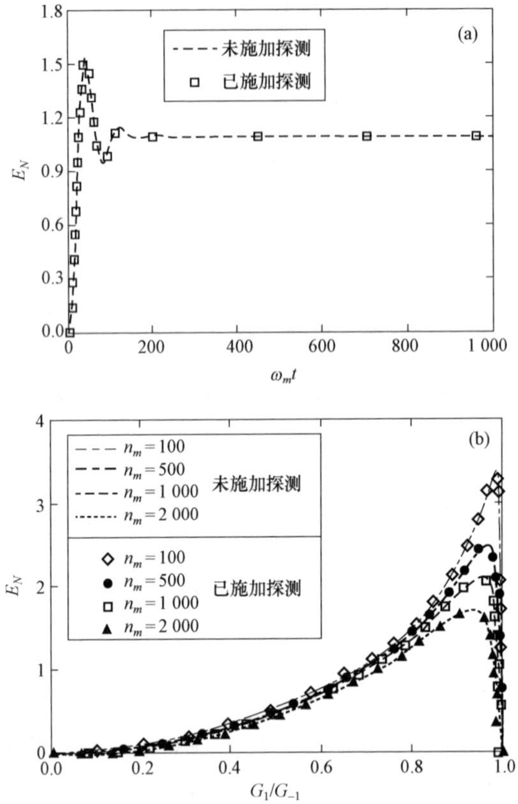

图 5-10 探测对纠缠结果的影响。(a) 探测对纠缠 E_N 时间演化的影响，(b) 不同热声子数下，有无探测时稳态纠缠 E_N 随着比率 G_1/G_{-1} 的变化。

现在简要讨论该强机械-机械纠缠制备方案的实验可行性。方案中所涉及的光力装置是一个典型的双振子光力系统，它在当前的腔光力学中是极其常见的[77,201-204]。更重要的是，这类模型结构已经在最近的实验上成功地实现[49]。方案中所需要的周期调制激光驱动技术在目前也已经高度成熟，它广泛地应用于光机械系统或电机械系统的操控[125,126,155,157,158,205]。与此同时，在数值模拟中采用的系统参数在实验上是可行的。至于所制备的机械-机械纠缠的实验探测，可以零差辅助腔模的输出场再借助对数负值度 E_N 来度量。因此，该纠缠制备方案在当前的光力技术平台上是可行的。

5.6　本章小结

基于两个非直接耦合的共振和失谐的机械振子，在双振子光力系统中，本章介绍了一个简单有效的方案制备强的机械-机械纠缠。该方案仅需要将单一的振幅调制模式引入到单色泵浦场中操控两个机械模的媒介模腔模，而无需采用其他额外的技术。当两机械振子共振时，通过采用正弦振幅调制的大失谐泵浦场驱动系统，两个非局域机械模的混合模动力学被映射成一个阻尼参数振子，这导致了强机械-机械纠缠。对于失谐的两机械振子，通过在激光泵浦场中施加特定类型设计的边带调制技术，从而期望的有效光力耦合形式被精确地诱导，这成功地将机械波戈留波夫模冷却到基态并导致了强的机械-机械纠缠。为了最大化纠缠，数值上最优化了有效光力耦合的边带比率。此外，也讨论了纠缠的实验探测问题。通过模拟有无辅助探测模的纠缠结果，验证了探测过程对于制备纠缠的影响是微弱可忽略的，这确保了所提出探测方案的正确性。该方案有助于以一种新的方式操控机械量子态并且能被用来简化当前采用多重调制技术或多个驱动源的纠缠制备方案，这将极大地促进涉及机械-机械纠缠的实际应用。

第6章 结 论

微纳技术的飞速发展已经成为当今社会科技进步的一个重要标志。近年来，随着微纳制造业的快速发展，研究光学（微波）场与机械运动之间可控辐射压耦合的腔光力学，无论在实验上还是理论上都吸引了广泛的关注和极大的兴趣。特别是微纳机械振子基态冷却的实验证明，以及光力强耦合机制的成功实现，使腔光力学系统已经成为有效量子操控机械振子的强有力平台。本书主要介绍了在腔光力系统中如何将一对共振机械振子的基态冷却打破量子反作用极限，以及一对大失谐机械振子如何实现量子基态冷却，并利用简单的操控技术如何制备纠缠度高的机械-机械纠缠和压缩度强的机械压缩态。主要研究内容归纳总结如下：

1. 基于复合三模腔光力系统，通过引入动力学调制技术，一对共振机械振子的稳态最低平均声子数成功地打破了不存在动力学调制机制下定义的量子反作用极限，极大地改进了耦合机械振子的基态冷却结果。而对于一对大失谐机械振子，通过进一步引入偏置门电压调制，构建了两个机械振子之间的分束器型相互作用，这为第二个机械振子的冷却提供了有效的声子转移通道。与未施加调制的情形相比，该双机械振子冷却方案能够从弱耦合区域到强耦合区域、从可分辨边带机制到不可分辨边带机制的更广参数范围内实现，从而展示出更加理想的冷却结果。该方案为实验上同时冷却多个机械振子提供了一种新颖的思路，对于多模量子声学系统的潜在应用具有十分重要的意义。

2. 通过对泵浦激光驱动场振幅施加周期性调制，在一个标准的腔光力系统中提出了简单但非常有效的机械压缩方案。仅通过在单色驱动场中引入特定的周期调制模式，将机械波戈留波夫模冷却到基态，远远超越 3 dB 的强机械压缩可以成功地制备而不需要额外复杂的技术。机械压缩度不仅简单依赖于有效光力耦合强度的数量级，而是主要依赖于其边带强度的比值。为了将机械压缩强度最大化，在稳态机制下分别数值和解析地最优化了有效光力耦合强度的边带比值。该方案所采取的周期调制技术也可以推广至其他量子系统中实现强压缩效应。

3. 利用机械 Duffing 非线性和参数泵浦驱动技术的联合效应，提出一种制备超越 3 dB 极限的强机械压缩的新颖方法。当总的机械压缩度超越 3 dB 时，每种技术组分制备的压缩度允许低于 3 dB 极限。参数泵浦频率的合理选择将压缩变换表象下腔模与机械模之间的有效耦合调制成分束器型的相互作用，这为实现从腔模到机械模的压缩转移创造了条件。通过将腔模绝热地消除掉，解析地求出了联合效应机械压缩度的具体表达式。该制备机械压缩的联合思想为实现其他强的宏观量子效应提供了新路径。

4. 在两个非直接耦合的机械振子同时耦合于共同腔场的三模腔光力系统中，通过对泵浦场的振幅施加特定的含时周期调制，成功制备了两个振子之间强的机械-机械纠缠。两个振子的机械频率共振时，正弦周期调制的外部泵浦场将两个机械振子的混合模操控成压缩态，这意味着两个非局域的机械振子之间存在强的量子纠缠。而对于不同的机械频率情形，通过选择合适的外部驱动场精确地将系统的有效光力耦合操控为期望的形式，从而为制备机械-机械纠缠构造出有效的哈密顿量。此外，所制备的机械-机械纠缠可以通过零差探测技术探测辅助腔模的输出场来测量。

本书的创新主要有：

1. 通过动力学调制技术，将同频共振机械振子基态冷却结果成功打破了未引入调制的量子反作用冷却极限，同时首次实现了大失谐机械振子的有效基态冷却。

2. 分别利用泵浦场振幅调制和联合效应两种操控手段，制备了超越 3 dB

压缩极限的强机械压缩。

3. 针对同频和非同频机械振子，分别设计了不同形式的单色时变泵浦场制备了双模机械压缩，实现了强的机械-机械纠缠。

虽然基于腔光力系统机械振子的基态冷却和机械压缩以及宏观纠缠等非经典态的操控方面开展了广泛的研究，但依然有很多有趣的新奇量子效应和巨大潜在应用值得去深层次挖掘和进一步探索。在今后的工作中，我们将围绕以下几个方面展开研究：

1. 将非互易耦合效应以及 PT 对称行为等引入腔光力系统中，研究非厄米性对于操控量子纠缠、机械压缩、光子阻塞、声子阻塞等非经典量子效应的影响。

2. 除了驱动调制和频率调制两种周期性动力学调控腔光力系统，进一步研究量子淬火、量子反馈等其他动力学调制手段对腔光力学系统动力学的影响。

3. 将信号响应理论与腔光力学系统结合，研究腔光力学系统在信号转换、量子态转移存储、声子激光等方面的应用。

参考文献

[1] Liu Y C, Hu Y W, Wong C W, et al. Review of cavity optomechanical cooling [J]. Chinese Physics B, 2013, 22(11): 114213.

[2] Aspelmeyer M, Kippenberg T J, Marquardt F. Cavity optomechanics [J]. Reviews of Modern Physics, 2014, 86(4): 1391-1452.

[3] Hänsch T, Schawlow A. Cooling of gases by laser radiation [J]. Optics Communi-cations, 1975, 13(1): 68-69.

[4] Stenholm S. The semiclassical theory of laser cooling [J]. Reviews of Modern Physics, 1986, 58(3): 699-739.

[5] Ashkin A. Trapping of atoms by resonance radiation pressure [J]. Physical Review Letters, 1978, 40(12): 729-732.

[6] Braginskii V B, Manukin A B, Tikhonov M Y. Investigation of dissipative ponderomotive effects of electromagnetic radiation [J]. Journal of Experimental and Theoretical Physics, 1970, 31(5): 826.

[7] Dorsel A, McCullen J D, Meystre P, et al. Optical bistability and mirror confinement induced by radiation pressure [J]. Physical Review Letters, 1983, 51(17): 1550-1553.

[8] Mancini S, Vitali D, Tombesi P. Optomechanical cooling of a macroscopic oscillator by homodyne feedback [J]. Physical Review Letters, 1998, 80(4): 688-691.

［9］Cohadon P F, Heidmann A, Pinard M. Cooling of a mirror by radiation pressure［J］. Physical Review Letters, 1999, 83(16): 3174-3177.

［10］Corbitt T, Wipf C, Bodiya T, et al. Optical dilution and feedback cooling of a gram-scale oscillator to 6. 9 mK［J］. Physical Review Letters, 2007, 99(16): 160801.

［11］Poggio M, Degen C L, Mamin H J, et al. Feedback cooling of a cantilever's fundamental mode below 5 mK［J］. Physical Review Letters, 2007, 99(1): 17201.

［12］Carmon T, Rokhsari H, Yang L, et al. Temporal behavior of radiation-pressure-induced vibrations of an optical microcavity phonon mode［J］. Physical Review Letters, 2005, 94(22): 223902.

［13］Kippenberg T J, Rokhsari H, Carmon T, et al. Analysis of radiation-pressure induced mechanical oscillation of an optical microcavity［J］. Physical Review Letters, 2005, 95(3): 33901.

［14］Gigan S, Böhm H R, Paternostro M, et al. Self-cooling of a micromirror by radiation pressure［J］. Nature, 2006, 444(7115): 67-70.

［15］Schliesser A, Del'Haye P, Nooshi N, et al. Radiation pressure cooling of a micromechanical oscillator using dynamical backaction［J］. Physical Review Letters, 2006, 97(24): 243905.

［16］Rocheleau T, Ndukum T, Macklin C, et al. Preparation and detection of a mechanical resonator near the ground state of motion［J］. Nature, 2010, 463(7277): 72-75.

［17］Teufel J D, Donner T, Li D, et al. Sideband cooling of micromechanical motion to the quantum ground state［J］. Nature, 2011, 475(7356): 359-363.

［18］Chan J, Alegre T P M, Safavi-Naeini A H, et al. Laser cooling of a nanomechanical oscillator into its quantum ground state［J］. Nature, 2011, 478(7367): 89-92.

[19] Agarwal G S, Huang S. Electromagnetically induced transparency in mechanical effects of light [J]. Physical Review A, 2010, 81: 41803.

[20] Weis S, Rivière R, Deléglise S, et al. Optomechanically induced transparency [J]. Science, 2010, 330(6010): 15201523.

[21] Fiore V, Yang Y, Kuzyk M C, et al. Storing optical information as a mechanical excitation in a silica optomechanical resonator [J]. Physical Review Letters, 2011, 107(13): 133601.

[22] Dobrindt J M, Wilson R I, Kippenberg T J. Parametricnormal-mode splitting in cavity optomechanics [J]. Physical Review Letters, 2008, 101(26): 263602.

[23] Palomaki T A, Harlow J W, Teufel J D, et al. Coherent state transfer between itinerant microwave fields and a mechanical oscillator [J]. Nature, 2013, 495(7440): 210-214.

[24] Tian L, Wang H. Optical wavelength conversion of quantum states with optomechanics [J]. Physical Review A, 2010, 82(5): 53806.

[25] Hill J T, Safavi N A H, Chan J, et al. Coherent optical wavelength conversion via cavity optomechanics [J]. Nature Communications, 2012, 3(1): 1196.

[26] Liu Y, Davanço M, Aksyuk V, et al. Electromagnetically induced transparency and wideband wavelength conversion in silicon nitride microdisk optomechanical resonators [J]. Physical Review Letters, 2013, 110(22): 223603.

[27] Law C K. Interaction between a moving mirror and radiation pressure: A Hamiltonian formulation [J]. Physical Review A, 1995, 51(3): 2537-2541.

[28] Vidal G, Werner R F. Computable measure of entanglement [J]. Physical Review A, 2002, 65(3): 32314.

[29] Marquardt F, Chen J P, Clerk A A, et al. Quantum theory of cavityassisted

sideband cooling of mechanical motion [J]. Physical Review Letters, 2007, 99(9): 93902.

[30] Guo Y, Li K, Nie W, et al. Electromagnetically-induced-transparency-like groundstate cooling in a double-cavity optomechanical system [J]. Physical Review A, 2014, 90(5): 53841.

[31] Liu Y C, Xiao Y F, Luan X, et al. Coupled cavities for motional ground-state cooling and strong optomechanical coupling [J]. Physical Review A, 2015, 91(3): 33818.

[32] Chen X, Liu Y C, Peng P, et al. Cooling of macroscopic mechanical resonators in hybrid atom-optomechanical systems [J]. Physical Review A, 2015, 92(3): 33841.

[33] Liu Y C, Xiao Y F, Luan X, et al. Dynamic dissipative cooling of a mechanical resonator in strong coupling optomechanics [J]. Physical Review Letters, 2013, 110(15): 153606.

[34] Gan J H, Liu Y C, Lu C, et al. Intracavity-squeezed optomechanical cooling [J]. Laser & Photonics Reviews, 2019, 13(11): 1900120.

[35] Lai D G, Zou F, Hou B P, et al. Simultaneous cooling of coupled mechanical resonators in cavity optomechanics [J]. Physical Review A, 2018, 98(2): 23860.

[36] Zhang X Y, Zhou Y H, Guo Y Q, et al. Simultaneous cooling of two mechanical oscillators in dissipatively coupled optomechanical systems [J]. Physical Review A, 2019, 100(2): 23807.

[37] Genes C, Vitali D, Tombesi P. Simultaneous cooling and entanglement of mechanical modes of a micromirror in an optical cavity [J]. New Journal of Physics, 2008, 10(9): 95009.

[38] Schliesser A, Rivière R, Anetsberger G, et al. Resolved-sideband cooling of a micromechanical oscillator [J]. Nature Physics, 2008, 4(5): 415-419.

［39］ Clark J B, Lecocq F, Simmonds R W, et al. Sideband cooling beyond the quantum backaction limit with squeezed light［J］. Nature, 2017, 541(7636): 191-195.

［40］ Liao J Q, Law C K. Parametric generation of quadrature squeezing of mirrors in cavity optomechanics［J］. Physical Review A, 2011, 83(3): 33820.

［41］ Kronwald A, Marquardt F, Clerk A A. Arbitrarily large steady-state bosonic squeezing via dissipation［J］. Physical Review A, 2013, 88(6): 63833.

［42］ Lü X Y, Liao J Q, Tian L, et al. Steady-state mechanical squeezing in an optomechanical system via Duffing nonlinearity［J］. Physical Review A, 2015, 91(1): 13834.

［43］ Wollman E E, Lei C U, Weinstein A J, et al. Quantum squeezing of motion in a mechanical resonator［J］. Science, 2015, 349(6251): 952-955.

［44］ Metcalfe M. Applications of cavity optomechanics［J］. Applied Physics Reviews, 2014, 1(3): 31105.

［45］ Vitali D, Gigan S, Ferreira A, et al. Optomechanical entanglement between a movable mirror and a cavity field［J］. Physical Review Letters, 2007, 98(3): 30405.

［46］ Ghobadi R, Kumar S, Pepper B, et al. Optomechanical micro-macro entanglement［J］. Physical Review Letters, 2014, 112(8): 80503.

［47］ Wang M, Lü X Y, Wang Y D, et al. Macroscopic quantum entanglement in modulated optomechanics［J］. Physical Review A, 2016, 94(5): 53807.

［48］ Lin Q, He B, Xiao M. Entangling two macroscopic mechanical resonators at high temperature［J］. Physical Review Applied, 2020, 13(3): 34030.

［49］ Ockeloen K C F, Damskagg E, Pirkkalainen J M, et al. Stabilized entanglement of massive mechanical oscillators［J］. Nature, 2018, 556(7702): 478-482.

［50］ Bai C H, Wang D Y, Zhang S, et al. Engineering of strong mechanical squeezing via the joint effect between Duffing nonlinearity and parametric pump driving［J］. Photonics Research, 2019, 7(11): 1229-1239.

［51］ Xiong B, Li X, Chao S L, et al. Strong mechanical squeezing in an optomechanical system based on Lyapunov control［J］. Photonics Research, 2020, 8(2): 151-159.

［52］ Bai C H, Wang D Y, Zhang S, et al. Strong mechanical squeezing in a standard optomechanical system by pump modulation［J］. Physical Review A, 2020, 101(5): 53836.

［53］ Liao J Q, Tian L. Macroscopic quantum superposition in cavity optomechanics［J］. Physical Review Letters, 2016, 116(16): 163602.

［54］ Xie H, Shang X, Liao C G, et al. Macroscopic superposition states of a mechanical oscillator in an optomechanical system with quadratic coupling［J］. Physical Review A, 2019, 100(3): 33803.

［55］ Liao J Q, Nori F. Photon blockade in quadratically coupled optomechanical systems［J］. Physical Review A, 2013, 88(2): 23853.

［56］ Xie H, Liao C G, Shang X, et al. Optically induced phonon blockade in an optomechanical system with second-order nonlinearity［J］. Physical Review A, 2018, 98(2): 23819.

［57］ Zheng L L, Yin T S, Bin Q, et al. Single-photon-induced phonon blockade in a hybrid spin-optomechanical system［J］. Physical Review A, 2019, 99(1): 13804.

［58］ Wang D Y, Bai C H, Liu S, et al. Distinguishing photon blockade in a PT-symmetric optomechanical system［J］. Physical Review A, 2019, 99(4): 43818.

［59］ Pautrel S, Denis Z, Bon J, et al. Optomechanical discrete-variable quantum teleportation scheme［J］. Physical Review A, 2020, 101(6): 63820.

[60] Zhang J Q, Li Y, Feng M, et al. Precision measurement of electrical charge with optomechanically induced transparency [J]. Physical Review A, 2012, 86(5): 53806.

[61] Peano V, Schwefel H G L, Marquardt C, et al. Intracavity squeezing can enhance quantum-limited optomechanical position detection through deamplification [J]. Physical Review Letters, 2015, 115(24): 243603.

[62] Xu X W, Li Y. Optical nonreciprocity and optomechanical circulator in three-mode optomechanical systems [J]. Physical Review A, 2015, 91(5): 53854.

[63] Ruesink F, Miri M A, Alù A, et al. Nonreciprocity and magnetic-free isolation based on optomechanical interactions[J]. Nature Communications, 2016, 7(1): 13662.

[64] Bernier N R, Tóth L D, Koottandavida A, et al. Nonreciprocal reconfigurable microwave optomechanical circuit [J]. Nature Communications, 2017, 8(1): 604.

[65] Li G, Xiao X, Li Y, et al. Tunable optical nonreciprocity and a phonon-photon router in an optomechanical system with coupled mechanical and optical modes [J]. Physical Review A, 2018, 97(2): 23801.

[66] Jing H, Özdemir S K, Lü X Y, et al. PT-symmetric phonon laser[J]. Physical Review Letters, 2014, 113(5): 53604.

[67] Zhang J, Peng B, Özdemir S K, et al. A phonon laser operating at an exceptional point [J]. Nature Photonics, 2018, 12(8): 479-484.

[68] Wilson D J, Sudhir V, Piro N, et al. Measurement-based control of a mechanical oscillator at its thermal decoherence rate [J]. Nature, 2015, 524(7565): 325-329.

[69] Guo J, Norte R, Gröblacher S. Feedback cooling of a room temperature mechanical oscillator close to its motional groundstate [J]. Physical Review

Letters, 2019, 123(22): 223602.

[70] Wilson R I, Nooshi N, Zwerger W, et al. Theory of ground state cooling of a mechanical oscillator using dynamical backaction [J]. Physical Review Letters, 2007, 99(9): 93901.

[71] Wang D Y, Bai C H, Liu S, et al. Optomechanical cooling beyond the quantum backaction limit with frequency modulation [J]. Physical Review A, 2018, 98(2): 23816.

[72] Yang J Y, Wang D Y, Bai C H, et al. Groundstate cooling of mechanical oscillator via quadratic optomechanical coupling with two coupled optical cavities [J]. Optics Express, 2019, 27(16): 22855-22867.

[73] Zeng R P, Zhang S, Wu C W, et al. Ground-state cooling of an optomechanical resonator assisted by an atomic ensemble[J]. Journal of the Optical Society of America B: Optical Physics, 2015, 32(11): 2314-2320.

[74] Asjad M, Zippilli S, Vitali D. Suppression of stokes scattering and improved optomechanical cooling with squeezed light [J]. Physical Review A, 2016, 94(5): 51801.

[75] Asjad M, Abari N E, Zippilli S, et al. Optomechanical cooling with intracavity squeezed light [J]. Optics Express, 2019, 27(22): 32427-32444.

[76] Liao C G, Chen R X, Xie H, et al. Reservoir-engineered entanglement in a hybrid modulated three-mode optomechanical system [J]. Physical Review A, 2018, 97(4): 42314.

[77] Bemani F, Motazedifard A, Roknizadeh R, et al. Synchronization dynamics of two nanomechanical membranes within a Fabry-Perot cavity [J]. Physical Review A, 2017, 96(2): 23805.

[78] Li W, Piergentili P, Li J, et al. Noise robustness of synchronization of two nanomechanical resonators coupled to the same cavity field [J]. Physical Review A, 2020, 101(1): 13802.

[79] Ma P C, Zhang J Q, Xiao Y, et al. Tunable double optomechanically induced transparency in an optomechanical system [J]. Physical Review A, 2014, 90(4): 43825.

[80] Ullah K, Jing H, Saif F. Multiple electromechanically-induced-transparency windows and Fano resonances in hybrid nano-electro-optomechanics [J]. Physical Review A, 2018, 97(3): 33812.

[81] Lu T X, Jiao Y F, Zhang H L, et al. Selective and switchable optical amplification with mechanical driven oscillators [J]. Physical Review A, 2019, 100(1): 13813.

[82] Djorwe P, Pennec Y, Djafari R B. Exceptional point enhances sensitivity of optomechanical mass sensors [J]. Physical Review Applied, 2019, 12(2): 24002.

[83] Zhang W Z, Chen L B, Cheng J, et al. Quantum-correlation-enhanced weakfield detection in an optomechanical system [J]. Physical Review A, 2019, 99(6): 63811.

[84] de Moraes Neto G D, Andrade F M, Montenegro V, et al. Quantum state transfer in optomechanical arrays [J]. Physical Review A, 2016, 93(6): 62339.

[85] Guan S Y, Wang D Y, Bai C H, et al. Frequency-modulation-enhanced ground-state cooling of coupled mechanical resonators [J]. Annalen der Physik, 2019, 531(11): 1900193.

[86] Lai D G, Huang J F, Yin X L, et al. Nonreciprocal ground-state cooling of multiple mechanical resonators [J]. Physical Review A, 2020, 102(1): 11502.

[87] Hensinger W K, Utami D W, Goan H S, et al. Ion trap transducers for quantum electromechanical oscillators [J]. Physical Review A, 2005, 72(4): 41405(R).

[88] DeJesus E X, Kaufman C. Routh-Hurwitz criterion in the examination of eigenvalues of a system of nonlinear ordinary differential equations [J]. Physical Review A, 1987, 35(12): 5288-5290.

[89] He Q, Badshah F, Din R U, et al. Optomechanically induced transparency and the long-lived slow light in a nonlinear system [J]. Journal of the Optical Society of America B: Optical Physics, 2018, 35(7): 1649-1657.

[90] Zheng M H, Wang T, Wang D Y, et al. Manipulation of multi-transparency windows and fast-slow light transitions in a hybrid cavity optomechanical system [J]. Science China Physics, Mechanics & Astronomy, 2019, 62(5): 950311.

[91] Chen R X, Shen L T, Zheng S B. Dissipation-induced optomechanical entanglement with the assistance of Coulomb interaction [J]. Physical Review A, 2015, 91(2): 22326.

[92] Bai C H, Wang D Y, Wang H F, et al. Classical-to-quantum transition behavior between two oscillators separated in space under the action of optomechanical interaction [J]. Scientific Reports, 2017, 7(1): 2545.

[93] Huang J F, Liao J Q, Tian L, et al. Manipulating counter-rotating interactions in the quantum Rabi model via modulation of the transition frequency of the two-level system [J]. Physical Review A, 2017, 96(4): 43849.

[94] Huang J F, Liao J Q, Kuang L M. Ultrastrong jaynes-cummings model [J]. Physical Review A, 2020, 101(4): 43835.

[95] Bienert M, Barberis B P. Optomechanical laser cooling with mechanical modulations [J]. Physical Review A, 2015, 91(2): 23818.

[96] Li G, Nie W, Li X, et al. Dynamics of ground-state cooling and quantum entanglement in a modulated optomechanical system [J]. Physical Review A, 2019, 100(6): 63805.

[97] Han X, Wang D Y, Bai C H, et al. Mechanical squeezing beyond resolved sideband and weak-coupling limits with frequency modulation [J]. Physical Review A, 2019, 100(3): 33812.

[98] Xiang Z L, Ashhab S, You J Q, et al. Hybrid quantum circuits: Superconducting circuits interacting with other quantum systems [J]. Reviews of Modern Physics, 2013, 85(2): 623-653.

[99] Clerk A A, Lehnert K W, Bertet P, et al. Hybrid quantum systems with circuit quantum electrodynamics [J]. Nature Physics, 2020, 16(3): 257267.

[100] Gely M F, Kounalakis M, Dickel C, et al. Observation and stabilization of photonic Fock states in a hot radio-frequency resonator [J]. Science, 2019, 363(6431): 1072-1075.

[101] Xu M, Han X, Zou C L, et al. Radiative cooling of a superconducting resonator [J]. Physical Review Letters, 2020, 124(3): 33602.

[102] Li X, Ma Y, Han J, et al. Perfect quantum state transfer in a superconducting qubit chain with parametrically tunable couplings [J]. Physical Review Applied, 2018, 10(5): 54009.

[103] Cai W, Han J, Mei F, et al. Observation of topological magnon insulator states in a superconducting circuit [J]. Physical Review Letters, 2019, 123(8): 80501.

[104] Chen C, Lee S, Deshpande V V, et al. Graphene mechanical oscillators with tunable frequency [J]. Nature Nanotechnology, 2013, 8(12): 923-927.

[105] Weber P, Güttinger J, Tsioutsios I, et al. Coupling graphene mechanical resonators to superconducting microwave cavities [J]. Nano Letters, 2014, 14(5): 2854-2860.

[106] Singh V, Bosman S J, Schneider B H, et al. Optomechanical coupling between a multilayer graphene mechanical resonator and a superconducting microwave cavity [J]. Nature Nanotechnology, 2014, 9(10): 820-824.

［107］ Zhang W M, Hu K M, Peng Z K, et al. Tunable microand nanomechanical resonators ［J］. Sensors, 2015, 15(10): 26478-26566.

［108］ Okamoto H, Gourgout A, Chang C Y, et al. Coherent phonon manipulation in coupled mechanical resonators［J］. Nature Physics, 2013, 9(8): 480-484.

［109］ Huang P, Wang P, Zhou J, et al. Demonstration of motion transduction based on parametrically coupled mechanical resonators ［J］. Physical Review Letters, 2013, 110(22): 227202.

［110］ Huang P, Zhang L, Zhou J, et al. Nonreciprocal radio frequency transduction in a parametric mechanical artificial lattice ［J］. Physical Review Letters, 2016, 117(1): 17701.

［111］ Song X, Oksanen M, Li J, et al. Graphene optomechanics realized at microwave frequencies［J］. Physical Review Letters, 2014, 113(2): 27404.

［112］ Peterson R W, Purdy T P, Kampel N S, et al. Laser cooling of a micromechanical membrane to the quantum backaction limit ［J］. Physical Review Letters, 2016, 116(6): 63601.

［113］ Xu H, Jiang L, Clerk A A, et al. Nonreciprocal control and cooling of phonon modes in an optomechanical system［J］. Nature, 2019, 568(7750): 65-69.

［114］ O'Connell A D, Hofheinz M, Ansmann M, et al. Quantum ground state and single-phonon control of a mechanical resonator ［J］. Nature, 2010, 464(7289): 697-703.

［115］ Teufel J D, Li D, Allman M S, et al. Circuit cavity electromechanics in the strong-coupling regime ［J］. Nature, 2011, 471(7337): 204-208.

［116］ Gröblacher S, Hammerer K, Vanner M R, et al. Observation of strong coupling between a micromechanical resonator and an optical cavity field ［J］. Nature, 2009, 460: 724-727.

［117］ Aspelmeyer M, Meystre P, Schwab K. Quantum optomechanics ［J］.

Physics Today, 2012, 65: 29.

[118] Kippenberg T J, Vahala K J. Cavity Optomechanics: Back-action at the mesoscale [J]. Science, 2008, 321(5893): 1172-1176.

[119] Zurek W H. Decoherence and the transition from quantum to classical [J]. Physics Today, 1991, 44: 36.

[120] Schwab K C, Roukes M L. Putting mechanics into quantum mechanics[J]. Physics Today, 2005, 58: 46.

[121] Caves C M, Thorne K S, Drever R W P, et al. On the measurement of a weak classical force coupled to a quantum-mechanical oscillator. I. Issues of principle [J]. Reviews of Modern Physics, 1980, 52(2): 341-392.

[122] Abramovici A, Althouse W E, Drever R W P, et al. LIGO: The laser interferometer gravitational-wave observatory [J]. Science, 1992, 256(5055): 325-333.

[123] Milburn G, Walls D. Production of squeezed states in a degenerate parametric amplifier [J]. Optics Communications, 1981, 39(6): 401-404.

[124] Rugar D, Grütter P. Mechanical parametric amplification and thermomechanical noise squeezing [J]. Physical Review Letters, 1991, 67: 699-702.

[125] Mari A, Eisert J. Gently modulating optomechanical systems [J]. Physical Review Letters, 2009, 103(21): 213603.

[126] Bai C H, Wang D Y, Zhang S, et al. Modulation-based atom-mirror entanglement and mechanical squeezing in an unresolved-sideband optomechanical system [J]. Annalen der Physik, 2019, 531(7): 1800271.

[127] Agarwal G S, Huang S. Strong mechanical squeezing and its detection [J]. Physical Review A, 2016, 93(4): 43844.

[128] Xiong B, Li X, Chao S L, et al. Optomechanical quadrature squeezing in the non-Markovian regime [J]. Optics Letters, 2018, 43(24): 6053-6056.

[129] Jähne K, Genes C, Hammerer K, et al. Cavity-assisted squeezing of a

mechanical oscillator [J]. Physical Review A, 2009, 79(6): 63819.

[130] Asjad M, Agarwal G S, Kim M S, et al. Robust stationary mechanical squeezing in a kicked quadratic optomechanical system [J]. Physical Review A, 2014, 89(2): 23849.

[131] Huang S, Agarwal G S. Reactive coupling can beat the motional quantum limit of nanowaveguides coupled to a microdisk resonator [J]. Physical Review A, 2010, 82(3): 33811.

[132] Gu W J, Li G X, Yang Y P. Generation of squeezed states in a movable mirror via dissipative optomechanical coupling [J]. Physical Review A, 2013, 88(1): 13835.

[133] Xiao K W, Zhao N, Yin Z Q. Bistability and squeezing of the librational mode of an optically trapped nanoparticle [J]. Physical Review A, 2017, 96(1): 13837.

[134] Clerk A A, Marquardt F, Jacobs K. Back-action evasion and squeezing of a mechanical resonator using a cavity detector [J]. New Journal of Physics, 2008, 10(9): 95010.

[135] Szorkovszky A, Doherty A C, Harris G I, et al. Mechanical squeezing via parametric amplification and weak measurement [J]. Physical Review Letters, 2011, 107(21): 213603.

[136] Szorkovszky A, Brawley G A, Doherty A C, et al. Strong thermomechanical squeezing via weak measurement [J]. Physical Review Letters, 2013, 110(18): 184301.

[137] Ruskov R, Schwab K, Korotkov A N. Squeezing of a nanomechanical resonator by quantum nondemolition measurement and feedback [J]. Physical Review B, 2005, 71(23): 235407.

[138] Zhang Z C, Wang Y P, Yu Y F, et al. Quantum squeezing in a modulated optomechanical system [J]. Optics Express, 2018, 26(9): 11915-11927.

[139] Dalafi A, Naderi M H, Motazedifard A. Effects of quadratic coupling and squeezed vacuum injection in an optomechanical cavity assisted with a Bose-Einstein condensate [J]. Physical Review A, 2018, 97(4): 43619.

[140] You X, Li Z, Li Y. Strong quantum squeezing of mechanical resonator via parametric amplification and coherent feedback [J]. Physical Review A, 2017, 96(6): 63811.

[141] Shen L T, Chen X Y, Yang Z B, et al. Steady-state entanglement for distant atoms by dissipation in coupled cavities [J]. Physical Review A, 2011, 84(6): 64302.

[142] Murch K W, Vool U, Zhou D, et al. Cavity-assisted quantum bath engineering [J]. Physical Review Letters, 2012, 109(18): 183602.

[143] Didier N, Qassemi F, Blais A. Perfect squeezing by damping modulation in circuit quantum electrodynamics [J]. Physical Review A, 2014, 89(1): 13820.

[144] Su S L, Shao X Q, Wang H F, et al. Scheme for entanglement generation in an atom-cavity system via dissipation[J]. Physical Review A, 2014, 90(5): 54302.

[145] Shao X Q. Engineering steady entanglement for trapped ions at finite temperature by dissipation [J]. Physical Review A, 2018, 98(4): 42310.

[146] Tan H, Li G, Meystre P. Dissipation-driven two-mode mechanical squeezed states in optomechanical systems [J]. Physical Review A, 2013, 87(3): 33829.

[147] Wang Y D, Clerk A A. Reservoir-engineered entanglement in optomechanical systems [J]. Physical Review Letters, 2013, 110(25): 253601.

[148] Woolley M J, Clerk A A. Two-mode squeezed states in cavity optomechanics via engineering of a single reservoir [J]. Physical Review

A, 2014, 89(6): 63805.

[149] Barzanjeh S, Redchenko E S, Peruzzo M, et al. Stationary entangled radiation from micromechanical motion [J]. Nature, 2019, 570(7762): 480-483.

[150] Pirkkalainen J M, Damskägg E, Brandt M, et al. Squeezing of quantum noise of motion in a micromechanical resonator [J]. Physical Review Letters, 2015, 115(24): 243601.

[151] Lei C U, Weinstein A J, Suh J, et al. Quantu mnondemolition measurement of a quantum squeezed state beyond the 3 dB limit [J]. Phys. Rev. Lett. , 2016, 117(10): 100801.

[152] Rabl P. Photon blockade effect in optomechanical systems [J]. Physical Review Letters, 2011, 107(6): 63601.

[153] Chakraborty S, Sarma A K. Entanglement dynamics of two coupled mechanical oscillators in modulated optomechanics [J]. Physical Review A, 2018, 97(2): 22336.

[154] Weedbrook C, Pirandola S, García P R, et al. Gaussian quantum information [J]. Reviews of Modern Physics, 2012, 84(2): 621-669.

[155] Mari A, Eisert J. Opto-and electro-mechanical entanglement improved by modulation [J]. New Journal of Physics, 2012, 14(7): 75014.

[156] Liu Y C, Liu R S, Dong C H, et al. Cooling mechanical resonators to the quantum ground state from room temperature [J]. Physical Review A, 2015, 91(1): 13824.

[157] Farace A, Giovannetti V. Enhancing quantum effects via periodic modulations in optomechanical systems [J]. Physical Review A, 2012, 86(1): 13820.

[158] Schmidt M, Ludwig M, Marquardt F. Optomechanical circuits for nanomechanical continuous variable quantum state processing [J]. New

Journal of Physics, 2012, 14(12): 125005.

[159] LaHaye M D, Buu O, Camarota B, et al. Approaching the quantum limit of a nanomechanical resonator [J]. Science, 2004, 304(5667): 74-77.

[160] Braunstein S L, van Loock P. Quantum information with continuous variables [J]. Reviews of Modern Physics, 2005, 77(2): 513-577.

[161] Walls D F. Squeezed states of light [J]. Nature, 1983, 306(5939): 141-146.

[162] Slusher R E, Hollberg L W, Yurke B, et al. Observation of squeezed states generated by four-wave mixing in an optical cavity [J]. Physical Review Letters, 1985, 55(22): 2409-2412.

[163] Wu L A, Kimble H J, Hall J L, et al. Generation of squeezed states by parametric down conversion [J]. Physical Review Letters, 1986, 57(20): 2520-2523.

[164] Hollenhorst J N. Quantum limits on resonant-mass gravitational-radiation detectors [J]. Physical Review D, 1979, 19(6): 1669-1679.

[165] Lü H, Jiang Y, Wang Y Z, et al. Optomechanically induced transparency in a spinning resonator [J]. Photonics Research, 2017, 5(4): 367-371.

[166] Thompson J D, Zwickl B M, Jayich A M, et al. Strong dispersive coupling of a high-finesse cavity to a micromechanical membrane[J]. Nature, 2008, 452: 72.

[167] Sankey J C, Yang C, Zwickl B M, et al. Strong and tunable nonlinear optomechanical coupling in a low-loss system [J]. Nature Physics, 2010, 6: 707.

[168] Woolley M J, Doherty A C, Milburn G J, et al. Nanomechanical squeezing with detection via a microwave cavity [J]. Physical Review A, 2008, 78(6): 62303.

[169] Zhang R, Fang Y, Wang Y Y, et al. Strong mechanical squeezing in an unresolved-sideband optomechanical system[J]. Physical Review A, 2019,

99(4): 43805.

[170] Nunnenkamp A, Børkje K, Harris J G E, et al. Cooling and squeezing via quadratic optomechanical coupling [J]. Physical Review A, 2010, 82(20: 21806(R).

[171] Gu W J, Li G X. Squeezing of the mirror motion via periodic modulations in a dissipative optomechanical system [J]. Optics Express, 2013, 21(17): 20423-20440.

[172] Jacobs K, Landahl A J. Engineering giant nonlinearities in quantum nanosystems [J]. Physical Review Letters, 2009, 103(6): 67201.

[173] Meystre P. A short walk through quantum optomechanics [J]. Annalen der Physik, 2013, 525(3): 215-233.

[174] Aspelmeyer M, Gröblacher S, Hammerer K, et al. Quantum optomechanics-throwing a glance [J]. Journal of the Optical Society of America B: Optical Physics, 2010, 27(6): A189-A197.

[175] Kippenberg T, Vahala K. Cavity opto-mechanics[J]. Optics Express, 2007, 15(25): 17172-17205.

[176] Bothner D, Rodrigues I C, Steele G A. Photon-pressure strong coupling between two superconducting circuits [J]. Nature Physics, 2021, 17(1): 85-91.

[177] Tan H, Bariani F, Li G, et al. Generation of macroscopic quantum superpositions of optomechanical oscillators by dissipation [J]. Physical Review A, 2013, 88(2): 23817.

[178] Hoff U B, Kollath B J, Neergaard N J S, et al. Measurement-induced macroscopic superposition states in cavity optomechanics [J]. Physical Review Letters, 2016, 117(14): 143601.

[179] Lü X Y, Zhu G L, Zheng L L, et al. Entanglement and quantum superposition induced by a single photon [J]. Physical Review A, 2018,

97(3): 33807.

[180] Yang Z, Chao S L, Zhou L. Generating macroscopic quantum superposition and a phonon laser in a hybrid optomechanical system [J]. Journal of the Optical Society of America B: Optical Physics, 2020, 37(1): 1-8.

[181] Zeng Y X, Shen J, Ding M S, et al. Macroscopic Schrödinger cat state swapping in optomechanical system [J]. Optics Express, 2020, 28(7): 9587-9602.

[182] Gu W J, Yi Z, Sun L H, et al. Generation of mechanical squeezing and entanglement via mechanical modulations [J]. Optics Express, 2018, 26(23): 30773-30785.

[183] Bai C H, Wang D Y, Zhang S, et al. Qubit-assisted squeezing of mirror motion in a dissipative cavity optomechanical system [J]. Science China Physics, Mechanics & Astronomy, 2019, 62(7): 970311.

[184] Xiong B, Li X, Chao S L, et al. Strong squeezing of duffing oscillator in a highly dissipative optomechanical cavity system [J]. Annalen der Physik, 2020, 532(4): 1900596.

[185] Xie H, Liao C G, Shang X, et al. Phonon blockade in a quadratically coupled optomechanical system [J]. Physical Review A, 2017, 96(1): 13861.

[186] Horodecki R, Horodecki P, Horodecki M, et al. Quantum entanglement[J]. Reviews of Modern Physics, 2009, 81(2): 865-942.

[187] Eisert J, Plenio M B, Bose S, et al. Towardsquantum entanglement in nanoelectromechanical devices[J]. Physical Review Letters, 2004, 93(19): 190402.

[188] Wei L F, Liu Y X, Sun C P, et al. Probingtiny motions of nanomechanical resonators: classical or quantum mechanical?[J]. Physical Review Letters,

2006, 97(23): 237201.

[189] Poot M, van der Zant H S. Mechanical systems in the quantum regime [J]. Physics Reports, 2012, 511(5): 273-335.

[190] Abdi M, Pirandola S, Tombesi P, et al. Entanglement swapping with local certification: application to remote micromechanical resonators [J]. Physical Review Letters, 2012, 109(14): 143601.

[191] Abdi M, Pirandola S, Tombesi P, et al. Continuous-variable-entanglement swapping and its local certification: Entangling distant mechanical modes [J]. Physical Review A, 2014, 89(2): 22331.

[192] Vitali D, Mancini S, Tombesi P. Stationary entanglement between two movable mirrors in a classically driven Fabry–Perot cavity [J]. Journal of Physics A: Mathematical and Theoretical, 2007, 40(28): 8055-8068.

[193] Hartmann M J, Plenio M B. Steady state entanglement in the mechanical vibrations of two dielectric membranes[J]. Physical Review Letters, 2008, 101(20): 200503.

[194] Huang S, Agarwal G S. Entangling nanomechanical oscillators in a ring cavity by feeding squeezed light [J]. New Journal of Physics, 2009, 11(10): 103044.

[195] Chen R X, Shen L T, Yang Z B, et al. Enhancement of entanglement in distant mechanical vibrations via modulation in a coupled optomechanical system [J]. Physical Review A, 2014, 89(2): 23843.

[196] Liao J Q, Wu Q Q, Nori F. Entangling two macroscopic mechanical mirrors in a two-cavity optomechanical system [J]. Physical Review A, 2014, 89(1): 14302.

[197] Li J, Haghighi I M, Malossi N, et al. Generation and detection of large and robust entanglement between two different mechanical resonators in cavity optomechanics [J]. New Journal of Physics, 2015, 17(10): 103037.

［198］ Li J, Li G, Zippilli S, et al. Enhanced entanglement of two different mechanical resonators via coherent feedback［J］. Physical Review A, 2017, 95(4): 43819.

［199］ Yang C J, An J H, Yang W, et al. Generation of stable entanglement between two cavity mirrors by squeezed-reservoir engineering［J］. Physical Review A, 2015, 92(6): 62311.

［200］ Pirandola S, Vitali D, Tombesi P, et al. Macroscopic entanglement by entanglement swapping［J］. Physical Review Letters, 2006, 97(15): 150403.

［201］ Shahidani S, Naderi M H, Soltanolkotabi M. Control and manipulation of electromagnetically induced transparency in a nonlinear optomechanical system with two movable mirrors［J］. Physical Review A, 2013, 88(5): 53813.

［202］ Xu X W, Chen A X, Liu Y X. Phononic Josephson oscillation and self-trapping with two-phonon exchange interaction［J］. Physical Review A, 2017, 96(2): 23832.

［203］ Weaver M J, Newsom D, Luna F, et al. Phonon interferometry for measuring quantum decoherence［J］. Physical Review A, 2018, 97(6): 63832.

［204］ Ockeloen K C F, Gely M F, Damskägg E, et al. Sideband cooling of nearly degenerate micromechanical oscillators in a multimode optomechanical system［J］. Physical Review A, 2019, 99(2): 23826.

［205］ Hu C S, Liu Z Q, Liu Y, et al. Entanglement beating in a cavity optomechanical system under two-field driving［J］. Physical Review A, 2020, 101(3): 33810.